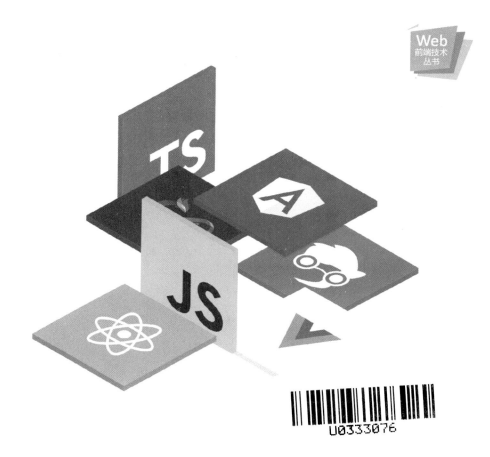

Vue.js 2.x实践指南

邹琼俊 著

清华大学出版社
北京

内 容 简 介

本书以符合初学者思维的方式,并结合作者实际参与过的项目,系统介绍 Vue 的应用技巧以及基于 Vue 构建企业项目的方法。通过本书的学习,读者可以全面掌握 Vue 及其相关技术的开发,并可以从本书代码中获取软件开发与架构设计的经验与灵感,对读者有极大的参考价值。

本书分为 10 章,内容包括 Vue 开发准备、Vue 开发基础、Vue 进阶、Vue 组件开发、路由 vue-router、webpack 介绍、webpack 和 Vue 的结合、webpack 中 UI 组件的使用、移动图书商城以及 PC 后台管理系统。

本书适合具有 HTML+CSS+JS 基础的 Vue 初学者、Web 前端开发人员,也适合作为高等院校和培训学校 Web 前端课程的教学参考书。

本书封面贴有清华大学出版社防伪标签,无标签者不得销售
版权所有,侵权必究。侵权举报电话:010-62782989　13701121933

图书在版编目(CIP)数据

Vue.js 2.x 实践指南 / 邹琼俊著. -- 北京:清华大学出版社,2020.3
(Web 前端技术丛书)
ISBN 978-7-302-55210-9

Ⅰ. ①V… Ⅱ. ①邹… Ⅲ. ①网页制作工具－程序设计 Ⅳ. ①TP393.092.2

中国版本图书馆 CIP 数据核字(2020)第 046756 号

责任编辑:夏毓彦
封面设计:王　翔
责任校对:闫秀华
责任印制:沈　露

出版发行:清华大学出版社
网　　址:http://www.tup.com.cn,http://www.wqbook.com
地　　址:北京清华大学学研大厦 A 座　　邮　编:100084
社 总 机:010-62770175　　邮　购:010-62786544
投稿与读者服务:010-62776969,c-service@tup.tsinghua.edu.cn
质量反馈:010-62772015,zhiliang@tup.tsinghua.edu.cn

印 装 者:三河市金元印装有限公司
经　　销:全国新华书店
开　　本:190mm×260mm　　印　张:17　　字　数:462 千字
版　　次:2020 年 5 月第 1 版　　印　次:2020 年 5 月第 1 次印刷
定　　价:69.00 元

产品编号:085207-01

推荐序

为什么近几年随着互联网技术的高速发展，Vue.js 技术能得到如此广泛的应用和追捧？

Vue.js 技术，它有哪些独特的魅力，能够得到很多资深程序员的青睐？

Vue.js 技术，它有哪些独特的优势，能够在众多互联网公司得到普及？

无论作为一家软件公司，还是一名程序员，或是一名技术爱好者，最重要的是核心技术的沉淀，以及对新技术的不断挖掘。对于一家没有技术沉淀的企业，是无法构建起企业核心竞争力的。对于一个没有技术沉淀的软件工程师，也是无法在职场上有着职业竞争力的。未来的时代一定是科技的时代，未来的时代一定是数据的时代，未来的时代一定是新技术的时代。

我与本书作者邹琼俊先生不仅保持着常青友谊，同时保持着深入合作关系。同样作为技术热爱者，我不仅将本书所讲述知识应用到企业，同时也给本书的编写提供了一些具有实践价值的建议。邹琼俊先生不仅完成了本书的编写工作，同时在实践中指导了我司软件开发人员的实际工作，将理论与实践相结合，并融汇到了本书章节的各个知识点中。

Vue 强悍之处，在于它是一套用于构建用户界面的渐进式框架。与其他大型框架不同的是：Vue 被设计为可以自底向上逐层应用。Vue 的核心库只关注视图层，不仅易于上手，还便于与第三方库或既有项目整合。另一方面，当 Vue 与现代化的工具链以及各种支持类库结合使用时，它也完全能够为复杂的单页应用提供驱动。通过尽可能简单的 API 实现响应的数据绑定和组合的视图组件。

在实践中，《Vue.js 2.x 实践指南》的优势体现在官网所说的快速、轻量、简洁、数据驱动、模块友好、组件化等方面。同时，站在企业角度，在完美实现业务的同时，能够为企业节省更多的人力、物力以及沟通成本，提高工作效率，增加了投入产出比，为企业带来较大的实际收益。

新入职员工和以前没有了解使用过 Vue 技术的开发人员，也能快速上手，完成公司安排的各项前段工作，大幅度降低企业的人才培训成本。在节省企业成本的同时，增加了企业效益。组件化的优势，让开发人员不再疲于无休止的加班。让枯燥乏味的开发工作，成为一种乐趣。

合肥市深合软件有限公司董事长　汪永骏

前　言

本书特点

本书前几章都在学习 Vue 基本的语法和概念，从第 6 章开始介绍 webpack 以及 Vue 和 webpack 的结合使用，第 9 章介绍如何使用 Vue 技术栈进行移动应用的开发，第 10 章则是介绍 Vue 在 Web 端的应用。本书采取以理论和实践相结合、由浅入深的方式来阐述 Vue 在实际工作中的各种应用，让读者在阅读过程中不会感觉到枯燥乏味。

如何阅读本书

由于书中内容环环相扣，所以我们建议读者尽量按照顺序进行阅读，然后动手按照书中的步骤，自己来实现。在这个过程中，可以根据自己的需要修改和新增一些需求，从而实现属于自己的基于 Vue 技术栈的项目。

源码下载

本书附带源代码，供读者参考，以便理解书中的内容。源码下载地址：https://github.com/zouyujie/vue_book。如果下载有问题，请电子邮件联系 booksaga@163.com，邮件主题为 "Vue"。

希望本书能给读者带来思路上的启发与技术上的提升，使每位读者能够从中获益。同时，也非常希望借此机会能够与国内热衷于 Vue 技术的开发者们进行交流。由于时间和本人水平有限，书中难免存在一些纰漏和错误，希望大家批评、指正。如果大家发现了问题，可以来信交流，万分感谢。

致　谢

　　这里首先要感谢的是夏毓彦编辑和清华大学出版社的其他编辑们，正是他们辛勤的工作，才使得本书得以顺利出版。

　　写一本书所费的时间和精力都是巨大的，写书期间，我占用了太多本该陪伴家人的时间，在这里，要特别感谢我的爱人王丽丽，谢谢她帮我处理了许多生活上面的琐事。

　　还要感谢我的父母，是他们含辛茹苦地把我培养成人，同时感谢公司给我提供了一个自我提升的发展平台，正是由于这一切的一切，才促使我顺利完成本书的编写。

作者

2020 年 3 月

目　录

第 1 章　Vue 开发前奏 1
　1.1　网站交互方式 1
　　　1.1.1　多页 Web 应用（MPA） 2
　　　1.1.2　单页 Web 应用（SPA） 2
　1.2　前后端分离的开发模式 4
　1.3　前端三大开发框架 5
　1.4　为什么要学习流行框架（MVVM 框架） 6
　1.5　框架和库的区别 7
　1.6　模块化和组件化 7
　1.7　后端中的 MVC 与前端中的 MVVM 之间的区别 8
　1.8　Node.js 安装 9
　1.9　Promises 介绍 10
　　　1.9.1　在 Promises 出现之前的文件读取方式 10
　　　1.9.2　Promises 基本概念介绍 12
　1.10　ES7 语法糖 async/await 15
　1.11　开发工具 16
　　　1.11.1　Visual Studio Code 16
　　　1.11.2　vuedevtools 17
　　　1.11.3　Chrome 18

第 2 章　Vue 基础入门 19
　2.1　Vue 发展历史 19
　2.2　什么是 Vue.js 19
　2.3　Vue 基本代码 20
　2.4　Vue 常用指令介绍 22
　　　2.4.1　v-cloak 指令 23
　　　2.4.2　v-html 指令 25
　2.5　v-bind&v-on 指令 25

	2.5.1 示例：跑马灯特效	26
	2.5.2 事件修饰符	28
2.6	v-model 双向数据绑定	32
2.7	v-for 和 key 属性	34
2.8	v-if 和 v-show	37
2.9	在 Vue 中使用样式	39
	2.9.1 使用 class 样式	39
	2.9.2 使用内联样式	39
2.10	过滤器	40
	2.10.1 全局过滤器	40
	2.10.2 私有过滤器	41
2.11	键盘修饰符以及自定义键盘修饰符	42
2.12	自定义指令	43
2.13	增删改查示例	44

第 3 章 Vue 进阶 49

3.1	Vue 生命周期	49
3.2	axios 介绍	51
	3.2.1 跨域请求	54
	3.2.2 Node 手写 JSONP 服务器剖析 JSONP 原理	55
3.3	Vue 过渡动画	57
	3.3.1 单元素/组件的过渡	57
	3.3.2 列表过渡	63

第 4 章 Vue 组件开发 65

4.1	组件介绍	65
	4.1.1 全局组件定义的三种方式	65
	4.1.2 使用 components 定义私有组件	67
	4.1.3 组件中展示数据和响应事件	67
	4.1.4 组件切换	68
4.2	组件传值	70
	4.2.1 父组件向子组件传值	70
	4.2.2 子组件向父组件传值	71
4.3	组件案例：留言板	73
4.4	使用 ref 获取 DOM 元素和组件引用	76
4.5	Vuex	77
	4.5.1 安装 Vuex	78

  4.5.2 配置 Vuex 的步骤 78
 4.6 render 函数 81

第 5 章　路由 vue-router 84
 5.1 什么是路由 84
 5.2 安装 vue-router 的两种方式 84
 5.3 vue-router 的基本使用 85
 5.4 设置选中路由高亮 87
 5.5 为路由切换启动动画 88
 5.6 路由传参 query&params 89
  5.6.1 query 89
  5.6.2 params 90
 5.7 使用 children 属性实现路由嵌套 91
 5.8 使用命名视图 93
 5.9 watch 监听 95
 5.10 computed：计算属性的使用 96
 5.11 watch、computed、methods 的对比 98
 5.12 nrm 的安装及使用 99
 5.13 vue-router 中编程式导航 100

第 6 章　webpack 介绍 101
 6.1 webpack 概念的引入 101
 6.2 webpack：最基本的使用方式 102
 6.3 webpack 最基本的配置文件的使用 105
 6.4 webpack-dev-server 的基本使用 106
 6.5 使用 html-webpack-plugin 插件配置启动页面 107
 6.6 webpack-dev-server 的常用命令参数 108
 6.7 webpack-dev-server 配置命令的另一种方式 110
 6.8 配置处理 css 样式表的第三方 loader 111
 6.9 分析 webpack 调用第三方 loader 的过程 112
 6.10 npm install--save、--save-dev、-D、-S、-g 的区别 113
 6.11 配置处理 less 文件的 loader 113
 6.12 配置处理 scss 文件的 loader 114
 6.13 webpack 中 url-loader 的使用 114
 6.14 webpack 中使用 url-loader 处理字体文件 118
 6.15 webpack 中 Babel 的配置 119

第 7 章 webpack 和 Vue 的结合 122

7.1 webpack 中导入 Vue 和普通网页使用 Vue 的区别 122
7.1.1 在 webpack 中使用 Vue 122
7.1.2 在 webpack 中配置.vue 组件页面总结 128
7.2 export default 和 export 的使用方式 129
7.3 结合 webpack 使用 vue-router 131
7.4 结合 webpack 实现 children 子路由 134
7.5 组件中 style 标签 lang 属性和 scoped 属性的介绍 135
7.6 抽离路由模块 138

第 8 章 webpack 中 UI 组件的使用 140

8.1 使用饿了么的 Mint UI 组件 140
8.1.1 button 组件 141
8.1.2 Toast 组件 142
8.2 Mint UI 按需导入 144
8.3 MUI 介绍 145
8.4 MUI 的使用 146
8.5 Vant UI 147
8.6 Element UI 147
8.6.1 引入 Element 148
8.6.2 Element 常见应用场景及解决方案 148

第 9 章 移动图书商城 157

9.1 mockjs 介绍 157
9.2 App 首页设计 158
9.3 使用阿里巴巴矢量库 159
9.4 App.vue 组件的基本设置 162
9.4.1 设置路由激活时高亮的两种方式 162
9.4.2 实现 tabbar 页签不同组件页面的切换 163
9.4.3 路由切换添加过渡效果 164
9.5 首页轮播图 165
9.6 首页九宫格 169
9.7 图书分类组件 172
9.8 制作顶部滑动导航 174
9.9 制作图片列表 179
9.10 在 Android 手机浏览器中调试 App 182
9.11 真机调试 182

9.12	封装轮播组件	184
9.13	商品详情页	185
9.14	购物车小球动画	189
9.15	封装购买数量组件	191
9.16	设计购物车数据存储	193
9.17	我的购物车	194
9.18	增加页面返回	199
9.19	总结	200

第10章 天下会管理平台 201

10.1	Vue 前端开发规范	201
	10.1.1 统一开发环境	201
	10.1.2 技术框架选型	201
	10.1.3 命名规范	202
	10.1.4 注意事项	203
	10.1.5 ESlint 配置 js 语法检查并自动格式化	204
10.2	通过 vue-cli 来搭建项目	206
10.3	完善项目结构	209
	10.3.1 设置浏览器图标	209
	10.3.2 完善 src 源码目录结构	209
	10.3.3 引入 Element UI	210
	10.3.4 封装 axios 请求	210
	10.3.5 Ajax 跨域支持	215
	10.3.6 封装全局的 css 变量文件	216
	10.3.7 vue-wechat-title 动态修改 title	217
	10.3.8 封装全局的配置文件 base-config.js	218
10.4	项目介绍及其界面设计	218
10.5	项目设计和分析	220
	10.5.1 帮主首页	221
	10.5.2 其他管理界面	222
	10.5.3 设计路由	226
	10.5.4 设计业务逻辑层	229
	10.5.5 Vuex 设计	230
	10.5.6 权限设计	231
	10.5.7 菜单组件	232
10.6	表单验证	237
10.7	登录	244

IX

   10.7.1 账号密码登录 244
   10.7.2 在线生成二维码 247
   10.7.3 制作网站 ico 图标 247
   10.7.4 存储登录信息 248
   10.7.5 回车自动登录 249
   10.7.6 防止登录按钮频繁点击 249
  10.8 增删改查列表 250
后记 259

第 1 章 Vue 开发前奏

这个世界唯一不变的就是变化,历史的车轮滚滚向前,它不会因任何人的消极缓慢而停止。时代抛弃你时,连一声再见都不会说。

从最开始的 JavaScript,到后来的 jQuery(ExtJS、EasyUI、MiniUI)、Bootstrap、Layui,再到如今的 MVVM 框架(Vue.js、Angular.js、React.js 等),整个前端的发展趋势一直在改变。

就拿 jQuery 来说,在 DOM 操作领域无疑是一代霸主,它击败了所有 DOM 领域的竞争对手,却输给了时代,MVVM 框架的出现,让它顿时黯然失色。

这不由得让我想起大润发。大润发创始人离职时说:"战胜了所有对手,却输给了时代"。大润发在零售行业是一个号称 19 年不关一家店的传奇商场。在商场这个领域里,没有任何人能打败它,包括沃尔玛/家乐福,但是很可惜它败给了这个时代,最终被阿里巴巴收购,高层集体走人。

据说在程序员界有那么一条鄙视链(每一个程序员应该都听说过程序员鄙视链):做 C 的看不起做 C++ 的,做 C++ 的看不起做 Java 的,做 Java 的看不起做.net 的,然后这些人都看不起搞前端的,可以说,前端程序员应该处于程序员鄙视链的底端。如果你看了以上这个惨绝人寰的鄙视链之后,仍然没有击倒你想要做前端的心,那我必须提醒你一件最重要的事:先去交一个女朋友,再来学写程序;因为一旦你成为软件工程师之后,就交不到女朋友了。

早期的前端俗称美工、切图仔,每天的工作就是切图、写写 HTML、写写 CSS。如今前端变得越来越重,早已不复当年,各种新技术日新月异、层出不穷,前端要学的东西太多,其学习的难度丝毫不低于后端。

最近这几年,前端的发展实在太快。Node.js 的出现,更是将前端的发展提升到了一个新的境界。Node.js 开启了前端模块化、组件化的进程,新技术层出不穷,各种 MVC、MVVM 框架也流行了起来。

1.1 网站交互方式

网站交互有两种常用的方式:

- 经典的多页面
- 现代式的单页面

由多页面组成的站点，我们称之为多页应用，由单页面组成的站点称之为单页应用。

在过去，许多 Web 后台常用 UI 框架，如 ExtJS、EasyUI 等等，通过 iframe 来嵌套页面，表面上看起来像单页应用，其本质其实依旧是多页应用。

1.1.1 多页 Web 应用（MPA）

每一次页面跳转的时候，后台服务器都会返回一个新的 HTML 文档，这种类型的网站就是多页网站，也叫作多页应用。

多页应用以服务端为主导，前后端混合。例如：.php 文件、aspx 文件、jsp 文件。

多页应用特点如下：

- 用户体验一般，每次跳转都会刷新整个页面。
- 页面切换慢，等待时间过长。
- 每个页面都要重新加载渲染，速度慢。
- 首屏时间快，SEO 效果好（蜘蛛会爬取链接）。
- 前后端糅合在一起，开发和维护效率低。

（1）为什么多页应用的首屏时间快？

首屏时间就是页面首个屏幕的内容展现的时间。当我们访问页面的时候，服务器返回一个 HTML，页面就会展示出来，这个过程只经历了一个 HTTP 请求，所以页面展示的速度非常快。

（2）为什么搜索引擎优化效果好（SEO）？

搜索引擎在做网页排名的时候，要根据网页内容才能给网页权重，来进行网页的排名。搜索引擎是可以识别 HTML 内容的，而我们每个页面所有的内容都放在 HTML 中，所以这种多页应用，SEO 排名效果好。

（3）为什么切换慢？

因为每次跳转都需要发出一个 HTTP 请求，如果网络比较慢，在页面之间来回跳转时，就会发生明显的卡顿现象。

1.1.2 单页 Web 应用（SPA）

单页 Web 应用（Single Page Web Application），简称 SPA，就是只有一个 Web 页面的应用，是加载单个 HTML 页面并在用户与应用程序交互时动态更新该页面的 Web 应用程序。

单页应用程序（SPA）是加载单个 HTML 页面并在用户与应用程序交互时动态更新该页面的 Web 应用程序。浏览器一开始会加载必需的 HTML、CSS 和 JavaScript，所有的操作都在这个页面上完成，都由 JavaScript 来控制。

单页应用开发技术复杂，所以诞生了一堆的开发框架：Angular.js、Vue.js、React.js 等。

单页应用，前后端分离，各司其职，服务端只处理数据，前端只处理页面（两者通过接口来交互）。

1. 单页应用的优点

- **用户体验好**：就像一个原生的客户端软件一样使用，切换过程中不会频繁有被"打断"的感觉。
- **前后端分离**：开发方式好，开发效率高，可维护性好。服务端不关心页面，只关心数据；客户端不关心数据库及数据操作，只关心通过接口拿到数据和服务端交互，处理页面。
- **局部刷新**：只需要加载渲染局部视图即可，不需要整页刷新。
- **完全的前端组件化**：前端开发不再以页面为单位，更多地采用组件化的思想，代码结构和组织方式更加规范化，便于修改和调整。
- **API 共享**：如果你的服务是多端的（浏览器端、Android、iOS、微信等），单页应用的模式便于你在多个端共用 API，可以显著减少服务端的工作量。容易变化的 UI 部分都已经前置到了多端，只受到业务数据模型影响的 API，更容易稳定下来，便于提供更棒的服务。
- **组件共享**：在某些对性能体验要求不高的场景，或者产品处于快速试错阶段，借助于一些技术（Hybrid、React Native），可以在多端共享组件，便于产品的快速迭代，节约资源。

2. 单页应用的缺点

- **首次加载大量资源**：要在一个页面上为用户提供产品的所有功能，在这个页面加载的时候，首先要加载大量的静态资源，这个加载时间相对比较长。
- **对搜索引擎不友好**：因为界面的数据绝大部分都是异步加载过来的，所以很难被搜索引擎搜索到。
- **开发难度相对较高**：开发者的 JavaScript 技能必须过关，同时需要对组件化、设计模式有所认识，他所面对的不再是一个简单的页面，而是类似一个运行在浏览器环境中的桌面软件。
- **兼容性**：单页应用虽然已经很成熟了，但是都无法兼顾低版本浏览器。

单页应用和多页应用对比如表 1-1 所示。

表 1-1 单页应用和多页应用对比

比较点	多页应用模式 MPA	单页应用模式 SPA
应用构成	由多个完整页面构成	一个外壳页面和多个页面片段构成
跳转方式	页面之间的跳转是从一个页面跳转到另一个页面	页面片段之间的跳转是把一个页面片段删除或隐藏，加载另一个页面片段并显示出来。这是片段之间的模拟跳转，并没有开壳页面
跳转后公共资源是否重新加载	是	否
URL 模式	http://xxx/page1.html http://xxx/page1.html	http://xxx/shell.html#page1 http://xxx/shell.html#page2

(续表)

比较点	多页应用模式 MPA	单页应用模式 SPA
用户体验	页面间切换加载慢，不流畅，用户体验差，特别是在移动设备上	页面片段间的切换快，用户体验好，包括在移动设备上
能否实现转场动画	无法实现	容易实现（手机 App 动效）
页面间传递数据	依赖 URL、cookie 或者 localstorage，实现麻烦	因为在一个页面内，页面间传递数据很容易实现
搜索引擎优化（SEO）	可以直接做	需要单独方案做，有点麻烦
特别适用的范围	需要对搜索引擎友好的网站 需要兼顾低版本浏览器的网站	对体验要求高的应用，特别是移动应用。管理系统
开发难度	低一些，框架选择容易	高一些，需要专门的框架来降低这种模式的开发难度
CSS 和 JS 文件加载	每个页面都需要加载自己的 CSS 和 JS 文件	整个项目的 CSS 和 JS 文件只需要加载一次
页面 DOM 加载	浏览器需要不停地创建完整的 DOM 树，删除完整的 DOM 树	浏览器只需要创建一个完整的 DOM 树，此后的伪页面切换其实只是在换某个 div 中的内容
页面请求	所有页面请求都是同步的——客户端在等待服务器给相应的时候，浏览器中一片空白	所有的"伪页面请求"都是异步请求——客户端在等待下一个页面片段到来时，仍可以显示前一个页面内容——浏览器体验更好
HTML 页面数	项目中有多个完整的 HTML 页面	整个项目中只有一个完整的 HTML 页面；其他 HTML 文件都是 HTML 片段

> **说　明**
>
> 　　现在除了一些电商网站，其实已经很少有系统需要去兼容低版本的浏览器，大部分是 IE9 以上的浏览器。而用户想要拥有更好的上网操作体验，就不得不选高版本的浏览器。如果不需要考虑 SEO 的项目，建议采用单页应用的开发方式，因为这样可以前后端完全分离，提高开发效率，用户体验只是其次。

1.2 前后端分离的开发模式

前后端分离的开发模式基本流程通常如下：

（1）项目立项

（2）需求分析

（3）服务端的工作

- 需求分析
- 数据库设计

- 接口设计（有时也需要前端参与其中）
- 接口开发

（4）前端的工作
- 需求分析
- 写界面和功能
- 通过接口和服务端交互

前后端分离的开发方式，无论是多页应用还是单页应用都可以采用，但是多页应用采用前后端分离模式的情况通常比较少。使用 Vue、Angular、React 也不一定是做单页，但是做单页一定是前后端分离的方式。

前后端分离方式已逐渐成为当前主流开发方式。因为以前的混合开发方式不好，页面和数据糅杂在一起很难维护，所以慢慢地把服务端处理视图的业务转变到了前端。

以前有过那么一句话，叫作"胖服务器，瘦客户端"，现在变成了"瘦服务器，胖客户端"，客户端胖了，需求多了，也就需要人了，工作岗位就多起来了。

前端的主要工作是什么？主要负责 MVC 中的 V 这一层，主要工作就是和界面打交道，来制作前端页面效果。

以后的发展趋势，可能会逐渐地朝着全栈的方向发展，所谓"全栈=前端+后端"。

1.3 前端三大开发框架

单页应用开发其实是比较复杂的，需要一定的技术支撑。所以一些前端框架应运而生。目前广泛应用的前端三大主流框架是 Vue.js、Angular.js 和 React.js。

1. Angular

- 2009 年诞生。
- Google 开发。
- 它的目的就是让我们开发单页应用变得更方便了。
- 它主要为前端带了 MVVM 开发模式，这是一个伟大的变革。
- MVVM：数据驱动视图，不操作 DOM。

2. React

- Facebook 公司自己开发的一个 Web 框架。
- 组件化。

3. Vue

- Vue 作者：尤雨溪。
- 早期由个人开发，在国内很火。

- Vue 借鉴了 Angular 和 React 之所长，属于后起之秀。

前端三大主流框架各有千秋，对于规模不大的前端项目来说，Vue 因其极易上手会被列出首选之位，而 Angular 在快速开发大型 Web 项目上很受推崇，但仍存在诸多缺陷，React 则为 JavaScript 应用开发者提供新的开发方式。

如果硬是要给这三大框架一个排名，目前排名是 React、Vue、Angular。从目前国内的整体行情看，一些中小企业，更青睐于 Vue。作为一名开发者，我们无须纠结哪个更好，对我们而言，不同的框架或者不同的语言，它们都只是一个工具而已，是我们解决问题的工具。

Vue.js 是目前最火的一个前端框架，而 React 是最流行的一个前端框架（React 除了开发网站，还可以开发手机 App，当然 Vue 同样也可以用于进行手机 App 开发，需要借助于 Weex，而且没有 React 那么强大）。

Vue.js 最火，表示想要学习的人员最多，React 最流行，表示目前正在使用的人最多。而 Angular 的流行度已呈现明显下滑趋势。甚至有人说："对于 Angular 2，我想我永远不会再使用。因为它带来的问题远远多于解决的问题。它需要丰富的知识经验来构建大型应用程序，否则总是会遇到性能问题。"个人感觉 Angular 是自己把自己玩死了，Angular 自从升级到 Angular2 后，差不多完全变了一套框架，导致许多开发人员流失。

如今最火热的前端需求在于移动端，而不再是 Web。React Native 非常成功，同时它也会带动 React.js 的发展。Vue.js 只会在 Web 前端中占据主导地位，而不会统治所有的前端领域。React 则可以在所有的前端领域中盛行。这是为什么？

因为 Vue.js 未能提供替代 React Native 的可行性方案（Weex 和 Quasar 太年轻，存在碎片化并且很脆弱），伴随着 React Native 和 React.js 的爆发式增长，如果你掌握了 Web 前端的 React 和 Redux，你将获得极大优势：只要你想，便可在几周内熟练地将 React Native 应用到移动端。

而使用 Vue.js 编写 Web 的前端人员几周就能掌握 React Native，所以不管怎么说，学习 Vue.js 都是非常值得的。

1.4 为什么要学习流行框架（MVVM 框架）

- 企业为了提高开发效率：在企业中，时间就是效率，效率就是金钱。而使用框架，能够提高开发的效率。
- 提高开发效率的发展历程：原生 JS → jQuery 之类的类库 → 前端模板引擎 → Angular.js / Vue.js。
- 在 Vue 中，一个核心的概念，就是让用户不再操作 DOM 元素，解放了用户的双手，让程序员可以花更多的时间去关注业务逻辑。
- 增强自己就业时候的竞争力。

MVVM 框架能够帮助我们减少不必要的 DOM 操作；提高渲染效率；双向数据绑定的概念：通过框架提供的指令，我们前端程序员只需要关心数据的业务逻辑，不再关心 DOM 是如何渲染的了。

在 Vue 中，一个核心的概念，就是让用户不再操作 DOM 元素，从而解放用户的双手，让程序员可以有更多的时间去关注业务逻辑。

为什么现在学习 Vue？因为现在国内企业用 Vue 的比较多，市场决定了需求，也就决定了工作岗位。为什么现在国内许多企业很青睐 Vue 呢？因为它真的是简单易用，而且官方提供的文档非常详细，又是中文的。

为什么 Vue 官方文档已经很详细了，我还要写作本书？因为官方文档就像是一些知识碎片，对于没有 Vue 项目开发经验的初学者来说，你很容易迷失在文档中，就是看文档看起来很爽，但要自己动手来做项目，却又不知道如何着手。

1.5 框架和库的区别

框架是一套完整的解决方案；对项目的侵入性较大，项目如果需要更换框架，就需要重新架构整个项目。

框架举例：

- Node 中的 Express。
- Java 中的 Spring Boot。

库（插件）提供某一个小功能，对项目的侵入性较小，如果某个库无法完成某些需求，可以很容易地切换到其他库来实现需求。

例如：

- 从 jQuery 切换到 Zepto。
- 从 EJS 切换到 art-template。

1.6 模块化和组件化

模块化是一种思想，一种构建方式，它把一个很复杂的事务拆分成一个一个小模块，然后通过某种特定的方式把这些小模块组织到一起，相互协作完成这个复杂的功能。

在 Vue 中，组件就是用来封装视图的，说白了就是封装 HTML。组件思想就是把一个很大的复杂的 Web 页面视图给拆分成一块一块的组件视图，然后利用某种特定的方式把它们组织到一起，完成完整的 Web 应用构建。

- HTML 结构
- CSS 样式
- JavaScript 行为

为什么把视图给组件化拆成一块一块的呢？

- 开发效率
- 可维护性
- 最后才是可重用

1.7 后端中的 MVC 与前端中的 MVVM 之间的区别

　　MVC 是后端的分层开发概念，即 Model（模型），View（视图），Controller（控制器）；MVVM 是前端视图层的概念，主要关注于视图层分离，也就是说：MVVM 把前端的视图层，分为了三部分 Model、View、View Model（VM）。MVC 相较于 MVVM 强化了 Controller，少了一个 View Model，而 Controller 主要用于业务逻辑处理，View Model 则用于数据的双向绑定。

　　数据驱动视图的思想，源自于微软的一个技术：WPF，用于开发 Windows 电脑中的图形应用程序。后来 Angular 把这种理念带到了前端领域，再后来就被各大前端框架模仿了。

　　为什么有了 MVC 还要有 MVVM？

1. MVC 的处理过程

View 视图层→app.js→router.js→Controller→Model。

- **View：** 是应用程序中处理数据显示的部分，诸如我们的 HTML 页面。
- **app.js：** 项目的入口模块，一切的请求，都要先进入这里进行处理。注意：app.js 并没有路由分发的功能，需要调用 router.js 模块进行路由的分发。
- **router.js：** 路由分发处理模块，为了保证路由模块的职能单一，router.js 只负责分发路由，不负责具体业务逻辑的处理。如果涉及业务逻辑处理操作，router.js 就无能为力了，只能调用 Controller 模块进行业务逻辑处理。
- **Controller：** 业务逻辑处理层，通常控制器负责从视图读取数据，控制用户输入，并向模型发送数据。这个模块中封装了具体业务逻辑处理代码，同样，为了保证职能单一，此模块只负责业务处理，不负责数据的 CRUD 操作（C:create、R:read、U:update、D:delete），如果涉及数据的 CRUD 操作，需要调用 Model 层。
- **Model：** 职能单一，只负责数据库操作，执行相应的数据 CRUD 操作。

2. MVVM 处理过程

MVVM 是 MVC 的增强版,我们正式连接了视图和控制器,并将表示逻辑从 Controller 移出放到一个新的对象里,即 View Model。MVVM 听起来很复杂,但它本质上就是一个精心优化的 MVC 架构。

MVVM 是前端视图层的分层开发思想,主要把每个页面分成了 M、V、VM,其中 VM 是 MVVM 思想的核心,因为 VM 是 M 和 V 之间的调度者,它负责数据的双向绑定。MVVM 思想主要是为了让我们开发更加方便。如图 1-1 所示。

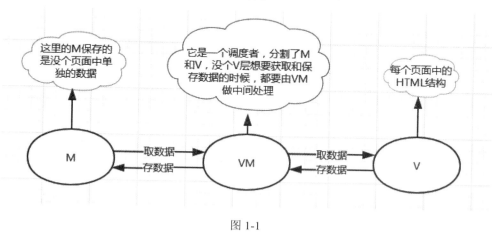

图 1-1

1.8 Node.js 安装

npm 是 Node.js 下的包管理器。

1. 安装 Node.js

本书使用的 Node 版本:node-v10.15.3-x64。这个版本软件的下载地址在本书示例源代码下载资源中给出来了,可以直接下载使用。

当然,你也可以去官网下载最新版的 Node.js,官网地址为 https://nodejs.org/en/,需要注意的是下载左边的稳定版。

双击下载的文件,进行安装之后,在 CMD 命令窗体中进行查看:

```
C:\windows\system32>node -v
v10.15.3
```

Node.js 中自带了 npm,我们再查看下 npm:

```
C:\windows\system32>npm -v
6.4.1
```

2. npm 安装 vue.js

命令：npm install vue -g

这里的-g 是指安装到 global 全局目录去。

安装完成后：

```
C:\Users\zouqi>npm install vue -g
C:\Users\zouqi\AppData\Roaming\npm
`-- vue@2.9.6
```

1.9 Promises 介绍

1.9.1 在 Promises 出现之前的文件读取方式

在讲 Promises 之前，我们先通过一个文件读取示例来演示过去的编码方式。

（1）新建目录 files，并在目录下添加文件"text.txt"，文件中写入文字："十年窗下无人问，一举成名天下知。"。

（2）在 files 同级目录下新建文件"01.文件读取.js"，并添加如下 Node 代码：

```javascript
const fs=require('fs')
const path=require('path')

// 这是普通读取文件的方式
fs.readFile(path.join(__dirname, './files/text.txt'), 'utf-8', (err, data) => {
  if (err) throw err
  console.log('读取数据：'+data)
})
```

（3）在 VSCode 的工具栏，单击"Terminal→New Terminal"，然后运行：node ./01.文件读取.js。

（4）运行结果如下：

```
PS D:\WorkSpace\vue_book\codes\chapter1> node ./01.文件读取.js
读取数据：十年窗下无人问，一举成名天下知。
PS D:\WorkSpace\vue_book\codes\chapter1>
```

接下来，我们把文件读取封装为一个公共的方法。新建文件"02.文件读取封装.js"，并添加如下代码：

```javascript
const fs=require('fs')
const path=require('path')
/**
```

```
 * 读取指定路径的文件
 * @param {*} path : 文件路径
 * @param {*} succCb : 读取成功的回调
 * @param {*} errCb : 读取失败的回调
 */
function getFileByPath(path, succCb, errCb) {
  fs.readFile(path, 'utf-8', (error, data) => {
    if (error) return errCb(error)
    succCb(data)
  })
}

//调用操作
getFileByPath(path.join(__dirname, './files/text.txt'), function (data) {
  console.log('数据读取成功:'+data)
}, function (error) {
  console.log('数据读取失败: ' + err.message)
})
```

执行命令：node ./02.文件读取封装.js，运行结果如下：

```
PS D:\WorkSpace\vue_book\codes\chapter1> node ./02.文件读取封装.js
数据读取成功：十年窗下无人问,一举成名天下知。
```

假设我们有一个新的需求：先读取文件 text.txt，再读取文件 text2.txt，最后再读取文件 text3.txt。

在文件"02.文件读取封装.js"中新增如下代码：

```
// 先读取文件text.txt，再读取文件text2.txt，最后再读取文件text3.txt。
getFileByPath(path.join(__dirname, './files/text.txt'), function (data) {
  console.log('text.txt:'+data)
  getFileByPath(path.join(__dirname, './files/text2.txt'), function (data) {
    console.log('text2.txt:'+data)
    getFileByPath(path.join(__dirname, './files/text3.txt'), function (data) {
      console.log('text3.txt:'+data)
    })
  })
})
```

运行结果如下：

```
text.txt:十年窗下无人问,一举成名天下知。
text2.txt:莫愁前路无知己,天下谁人不识君。
text3.txt:劝君更尽一杯酒,西出阳关无故人。
```

我们看到虽然通过层层回调实现了按顺序读取文件数据，但是这样的实现方式，当回调的层级一多的时候，代码看起来就非常乱了，就也就是我们俗称的"回调地狱"问题。

那么 ES6 中的 Promise 的本质是要干什么：就是单纯地为了解决回调地狱问题，它并不能帮我们减少代码量，而是将原来这种回调的方式改造为可以通过 then 串联的方式来实现。

1.9.2 Promises 基本概念介绍

Promises 的概念是由 CommonJS 小组的成员在 Promises/A 规范中提出来的。通常来说，它有如下的名称约定：

- promise（首字母小写）对象指的是 Promise 实例对象。
- Promise（首字母大写，单数形式），表示 Promise 构造函数。
- Promises（首字母大写，复数形式），用于指代 Promises 规范。

Promises 是在 ES2015 对 JavaScript 做出最大的改变。它的出现消除了采用 callback 机制的很多潜在问题（如回调地狱），并允许我们采用近乎同步的逻辑去写异步代码。

Promise 是一个构造函数，既然是构造函数，那么我们就可以 new Promise()得到一个 Promise 的实例。

注　意
Promises 不兼容 IE 浏览器以及 Android 4.4 及以下版本中的浏览器。

console.log()和 console.dir()的区别：

- console.log()可以取代 alert()或 document.write()，在网页脚本中使用 console.log()时，会在浏览器控制台打印出信息。
- console.dir()可以显示一个对象所有的属性和方法。

在谷歌浏览器的控制台中，输入 console.dir(Promise)，运行结果如图 1-2 所示。

```
> console.dir(Promise)
  ▼ ƒ Promise()
    ▶ all: ƒ all()
      arguments: (...)
      caller: (...)
      length: 1
      name: "Promise"
    ▼ prototype: Promise
      ▶ catch: ƒ catch()
      ▶ constructor: ƒ Promise()
      ▶ finally: ƒ finally()
      ▶ then: ƒ then()
        Symbol(Symbol.toStringTag): "Promise"
      ▶ __proto__: Object
    ▶ race: ƒ race()
    ▶ reject: ƒ reject()
    ▶ resolve: ƒ resolve()
      Symbol(Symbol.species): (...)
    ▶ get Symbol(Symbol.species): ƒ [Symbol.species]()
    ▶ __proto__: ƒ ()
    ▶ [[Scopes]]: Scopes[0]
```

图 1-2

我们看到 Promise 对象中有许多的函数和属性，我们重点关注 reject 和 resolve 这两个函数。resolve 表示成功之后的回调函数，reject 表示失败之后的回调函数。

在 Promise 构造函数的 Prototype 属性上，有一个.then()方法，只要是 Promise 构造函数创建的实例，都可以访问到.then()方法。

Promise 表示一个异步操作，每当我们一个 Promise 的实例，这个实例就表示一个具体的异步操作。而异步操作的结果，只能有两种状态：

- 成功：在内部调用成功的回调函数 resolve，把结果返回给调用者。
- 失败：在内部调用失败的回调函数 reject，把结果返回给调用者。

由于 Promise 的实例，是一个异步操作，所以内部拿到操作的结果后，无法使用 return 把操作的结果直接返回给调用者；此时，只能采用回调函数的形式，把成功或失败的结果，返回给调用者。

我们可以在 new 出来的 Promise 实例上，调用.then()方法，预先为这个 Promise 异步操作，指定成功（resolve）和失败（reject）回调函数。

通过 new 出来的 Promise，只是代表一个异步操作，至于它是做什么具体的异步事情，目前还不清楚，如下：

```
var promise = new Promise();
```

具体的异步操作如下：

```
// 这是一个具体的异步操作，使用 function 指定一个具体的异步操作
var promise = new Promise(function(){
  // 这个 function 内部写的就是具体的异步操作！
})
```

每当 new 一个 Promise 实例的时候，就会立即执行这个异步操作中的代码，如果不想让它立即执行，我们要将其放到一个方法中去。新建文件"04.Promise 文件读取封装.js"，添加如下代码：

```
const fs=require('fs')
const path=require('path')

function getFileByPath(path) {
   return new Promise(function (resolve, reject) {
     fs.readFile(path, 'utf-8', (error, data) => {
       if (error) return reject(error)
       resolve(data)
     })
   })
 }
```

新建文件"05.Promise 解决回调地狱.js"，我们分别来演示如下两种场景：

（1）如果前面的 Promise 执行失败，我们不想让后续的 Promise 操作被终止，可以为每个 Promise 指定失败的回调，代码如下：

```
getFileByPath('./files/text.txt')
  .then(function (data) {
    console.log('text.txt:'+data)
    return getFileByPath('./files/text1.txt')
  }, function (err) {
    console.log('读取失败：' + err.message)
    // return 一个新的 Promise
    return getFileByPath('./files/text2.txt')
  })
  .then(function (data) {
    console.log('text2.txt:'+data)
    return getFileByPath('./files/text3.txt')
  },function (err) {
    console.log('读取失败：' + err.message)
    return getFileByPath('./files/text3.txt')
  })
  .then(function (data) {
    console.log('text3.txt:'+data)
  }).then(function (data) {
    console.log(data)
  })
```

运行结果如下：

```
PS D:\WorkSpace\vue_book\codes\chapter1> node ./05.Promise解决回调地狱.js
text.txt:十年窗下无人问,一举成名天下知。
读取失败：ENOENT: no such file or directory, open
'D:\WorkSpace\vue_book\codes\chapter1\files\text1.txt'
text3.txt:劝君更尽一杯酒,西出阳关无故人。
```

（2）如果后续的 Promise 执行，依赖于前面 Promise 执行的结果，如果前面的失败了，后面的就没有继续执行下去的意义了，此时，我们想要实现一旦有报错，就立即终止所有 Promise 的执行。

添加代码如下：

```
getFileByPath('./files/text.txt')
.then(function (data) {
    console.log(data)
    return getFileByPath('./files/text1.txt')
})
.then(function (data) {
```

```
    console.log(data)
    return getFileByPath('./files/text2.txt')
})
.then(function (data) {
    console.log(data)
})
.catch(function (err) {
    console.log('捕获到了异常: ' + err.message)
})
```

运行结果如下：

```
PS D:\WorkSpace\vue_book\codes\chapter1> node ./05.Promise解决回调地狱.js
十年窗下无人问,一举成名天下知。
捕获到了异常: ENOENT: no such file or directory, open
'D:\WorkSpace\vue_book\codes\chapter1\files\text1.txt'
```

1.10 ES7 语法糖 async/await

如果读者也跟笔者一样做过 C#，那么也会对 async/await 感到非常熟悉。

async 顾名思义是"异步"的意思，async 用于声明一个函数是异步的。而 await 从字面意思上是"等待"的意思，就是用于等待异步完成。并且 await 只能在 async 函数中使用。

async 极大精简了 Promise 的操作，await 得到 Promise 对象之后就等待 Promise 接下来的 resolve 或者 reject。

异步的操作都返回 Promise，await 总是顺序执行的，所以需要顺序执行时只需要 await 相应的函数即可，这种方式在语义化方面非常友好，对于代码的维护也很简单，只需要返回 Promise 并 await 它就好了。

我们来改造前面的示例，新建文件"06.asyncAwait 文件读取封装.js"：

```
const fs=require('fs')

function getFileByPath(path) {
    return new Promise(function (resolve, reject) {
        fs.readFile(path, 'utf-8', (error, data) => {
            if (error) return reject(error)
            resolve(data)
        })
    })
}

async function getAllFile(){
```

```
    await getFileByPath('./files/text.txt').then(function (data)
      { console.log('text.txt:'+data)});
    await getFileByPath('./files/text2.txt').then(function (data)
      { console.log('text2.txt:'+data)});
    await getFileByPath('./files/text3.txt').then(function (data)
      { console.log('text3.txt:'+data)});
}
//调用
getAllFile()
```

运行结果：

```
PS D:\WorkSpace\vue_book\codes\chapter1> node ./06.asyncAwait 文件读取封装.js
text.txt:十年窗下无人问,一举成名天下知。
text2.txt:莫愁前路无知己,天下谁人不识君。
text3.txt:劝君更尽一杯酒,西出阳关无故人。
```

1.11 开发工具

关于前端开发工具，傻子和大神一般用记事本，菜鸟用户用 DW，文艺青年用 sublime，极客程序员用 Hbuilder，有追求的前端用 Visual Studio Code，懒人前端用 JetBrains WebStorm。我工作当中用 JetBrains WebStorm 和 Visual Studio Code，简称 VSCode 比较多。

1.11.1 Visual Studio Code

WebStorm 是收费的，所以我们推荐使用 Visual Studio Code，下载地址为 https://code.visualstudio.com/。

Visual Studio Code 中许多插件需要我们自己去安装，此处我们将演示如何安装一个 Vue 的插件 Vetur。打开 Visual Studio Code，点击左侧最下面一个图标，如图 1-3 所示。

图 1-3

其他插件的安装方式与此类似。

在 Visual Studio Code 中，如果想用浏览器预览运行 html 文件，就需要安装插件"view in browser"。

为了方便代码编写，建议在 VSCode 中依次安装如下插件：

```
IntelliSense for CSS class names in HTML
HTML CSS Support
Vue VSCode Snippets
A Vue.js 2 Extension
Bootstrap 3 Snippets
Auto Close Tag
Auto Rename Tag
Bookmarks
ESLint
HTML Snippets
JavaScript (ES6) code snippets
jumpy
Live Server
Mark Jump
Prettier - Code formatter
Vetur
vscode-elm-jump
Vue 2 Snippets
Vue Peek：允许查找和定位到单个.vue 组件
Vue VSCode Snippets
VueHelper
```

1.11.2 vuedevtools

vuedevtools 是一个 Vue 调试插件，本书源码中提供了 vuedevtools 安装包，存放在"vue_book\chrome 扩展"目录。

打开谷歌浏览器设置→扩展程序→勾选开发者模式→加载已解压的扩展程序→选择"chrome 扩展"文件夹，至此恭喜已经安装成功。

注　意
记得重启谷歌浏览器。操作步骤，如图 1-4 所示。

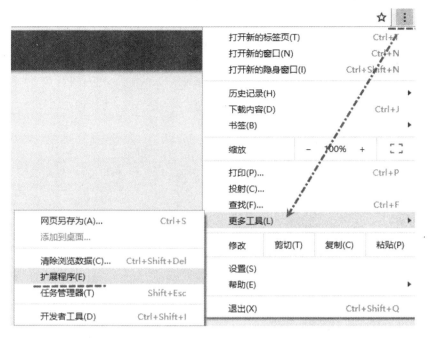

图 1-4

1.11.3 Chrome

本书中代码及演示都将在 Chrome 浏览器中进行，建议读者使用 Chrome 浏览器进行调试及预览。

第 2 章 Vue 基础入门

2.1 Vue 发展历史

在为 AngularJS 工作之后，Vue 的作者尤雨溪开发出了这一框架。他声称自己的思路是提取 Angular 中为自己所喜欢的部分，构建出一款相当轻量的框架。Vue 最早发布于 2014 年 2 月。作者在 Hacker News、Echo JS 与 Reddit 的/r/javascript 版块发布了最早的版本。一天之内，Vue 就登上了这三个网站的首页。Vue 是 Github 上最受欢迎的开源项目之一。截止到 2019-04-13 这个日期为止，在 JavaScript 框架/函数库中，Vue 所获得的星标数已超越 React，并远高于 Backbone.js、Angular 2、jQuery 等项目，如图 2-1 所示。

- Vue.js 由尤雨溪个人正式发布于 2014 年 2 月，并开源于 Github。
- 2015 年 10 月 27 日，正式发布 1.0。
- 2016 年 8 月 1 日，正式发布 2.0。
- 截止 2019-03-20，最新版本为 2.6.10。

vuejs/vue	JavaScript	★ 135k
facebook/react	JavaScript	★ 127k
angular/angular	TypeScript	★ 47.1k

图 2-1

2.2 什么是 Vue.js

Vue（读音/vju:/，类似于 view）是一套用于构建用户界面的渐进式框架。与其他重量级框架不同的是，Vue 采用自底向上增量开发的设计。

Vue 的核心库只关注视图层，它不仅易于上手，还便于与第三方库或既有项目整合（Vue 有配套的第三方类库，可以整合起来做大型项目的开发，俗称 Vus 全家桶）。另一方面，当与单文件组件和 Vue 生态系统支持的库结合使用时，Vue 也完全能够为复杂的单页应用程序提供驱动。

Vue.js 本身只是一个 JS 库，当它与现代化的工具链以及各种支持类库结合使用时，就变成框架了。Vue 是一款非常优秀的前端 JavaScript 框架，它可以轻松构建 SPA 应用程序。通过指令扩展了 HTML，通过表达式绑定数据到 HTML，它最大程度解放了 DOM 操作，从而让你享受编程的乐趣。

Vue 特点

Vue 是为了克服 HTML 在构建应用上的不足而设计的。Vue 有着诸多特性，最为核心的是：

- 简单易用。
- 渐进式。
- 高效。
- 压缩之后仅 20KB 大小。
- 虚拟 DOM。
- MVVM。
- 双向数据绑定。
- 组件化。
- 对比传统 DOM 操作，更少的代码实现，更给力的功能。

注 意
Vue 不支持 IE 8 及以下版本。

2.3 Vue 基本代码

我们通过一个 helloworld 程序来展示 Vue 的基本代码，打开 Visual Studio Code，新建文件 helloworld.html，在编辑器中输入英文感叹号（!），然后按回车键或者 Tab 键，将会默认使用编辑器的 HTML 格式文件的模板。

（1）引入 vue.js。下载地址为 https://vuejs.org/js/vue.js。

（2）new Vue 得到 Vue 实例，Vue 暂且可以理解为一个高级的模板引擎。

代码如下：

```
…
<!-- 1. 导入Vue的包 -->
<script src="js/vue.js"></script>
</head>

<body>
```

```html
<div id="app">
    <div>{{message}}</div>
</div>
<script>
    //2.返回一个vue实例对象
    //当我们导入包之后，在浏览器的内存中，就多了一个Vue构造函数
    //注意：我们new出来的这个App对象，就是我们MVVM中的VM调度者
    const app=new Vue({
        el:'#app',//表示，当前我们new的这个Vue实例，要控制页面上的哪个区域
        // 这里的data就是MVVM中的M，专门用来保存每个页面的数据的
        data:{//data属性中，存放的是el中要用到的数据
            message:'Hello World!'//通过Vue提供的指令，很方便的就能把数据渲染到页面上
        }
    })
</script>
</body>
```

在代码中我们添加了详细的注释，将 MVVM 框架和 Vue 基本代码之间的对应关系做了一个说明。

（3）在浏览器中查看，运行效果如图 2-2 所示。

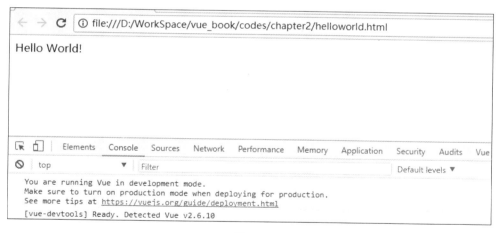

图 2-2

（4）在控制台中分别输入 app、回车，我们会发现浏览器中打印出来了整个 Vue 信息。

然后再在控制台输入 app.message='我要改变世界'、回车，会发现浏览器中的文字由原来的"Hello World!"自动变为了"我要改变世界"，如图 2-3 所示。

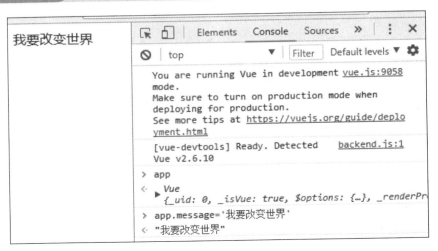

图 2-3

代码分析：el 选项的作用就是告诉 Vue 管理模板的入口节点，也就是现在的 div#app（css 样式筛选器）的节点（包括所有子节点）都被 Vue 给控制起来了，这样的话，我们就可以在被 Vue 管理的模板中使用 Vue 提供的特殊模板引擎语法（可以先这样理解，不是特别严谨）。{{}}我们称为插值表达式，它会把绑定的数据进行解析渲染。绑定的数据成员必须显式地初始化到 data 选项中，Vue 会从 data 中把 message 的值拿出来渲染到{{message}}。data 中的数据不是普通数据，这种数据被称为响应式数据。

注　意
el 不要作用到 body 和 HTML 节点上。Vue 之类的前端框架，不提倡手动操作 DOM 元素。

什么是响应式数据？数据驱动视图，当数据发生改变，那么所有绑定该数据的 DOM 都会跟着改变（MVVM）。

2.4　Vue 常用指令介绍

在讲解 Vue 中常用指令之前，我们先来做一件事情，在 2.3 节中，我们在浏览器中浏览 helloworld.html 页面是以 file 的形式浏览的。现在假设我们希望在 VSCode 中像 WebStorm 一样可以在 localhost 打开页面。有两种方式：

（1）方式一

打开 VSCode，View→Terminal 命令符中输入 npm install -g live-server 命令进行安装。安装成功后在 VSCode 里"查看"→"集成终端"或者命令提示符窗口里面输入 live-server，等待浏览器自动打开 http://127.0.0.1:8080/这个端口。

（2）方式二（推荐）

VSCode 中有个插件叫作 Live Server，不需要上面的方法就可以直接以服务器模式在浏览器中打开。安装完插件后，用鼠标右键单击文件或者已打开的文件页面，选择 "Open with Live Server"。

2.4.1 v-cloak 指令

新建页面 "v-cloak 指令.html"。这里是为了方便展示，实际项目中，文件命名请使用英文，代码如下：

```
<div id="app">
    <div>{{message}}</div>
</div>
<script src="js/vue.js"></script>
<script>
    const app= new Vue({
        el: '#app',
        data: {
            message: '夜空中最亮的星'
        }
    })
</script>
```

注　意
这里的 Vue 文件引用，我们采用了 CSN 的网络文件，而不再是本地 Vue.js。

为了模拟网络请求比较慢的情况，我们打开 "v-cloak 指令.html" 页面，在谷歌浏览器中设置网络为 Slow 3G，如图 2-4 所示。

图 2-4

在浏览器中访问 http://127.0.0.1:5500/v-cloak 指令.html，你会看到有{{}}一闪而过的问题。

说　明
网络快的情况下，看不到{{}}一闪的问题，所以我们这里特意将网络设置为慢速访问。

如何解决这个问题？

- v-cloak
- v-text

1. v-cloak 方式

（1）添加 css 样式

```
<style>
   [v-cloak] {
      display: none;
   }
</style>
```

（2）在{{}}标签的外层 Dome 中添加 v-cloak 属性

```
<div v-cloak>{{message}}</div>
```

此时，再刷新界面，我们就会看到浏览器审查元素中，一开始有 v-cloak 标签，当页面加载完成之后，就会自动移除 v-cloak 标签，如图 2-5 所示。

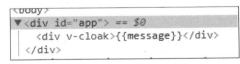 

图 2-5

2. v-text 方式

在页面中添加如下代码：

```
<div v-text="message"></div>
```

我们会发现，它的运行效果和 v-cloak 方式一样，并没有出现闪烁的问题。

既然这两种方式都能解决闪烁问题，那有什么区别呢？

插值表达式在占位符前后可以放置一些内容，它们将不会被覆盖，只会替换自己的这个占位符，并不会把整个元素的内容清空。而 v-text 元素中原有的内容将会被覆盖。

在页面中，继续添加如下代码：

```
<div v-cloak><<{{message}}>></div>
<div v-text="message"><<>></div>
```

保存，浏览器刷新界面，运行效果如图 2-6 所示。

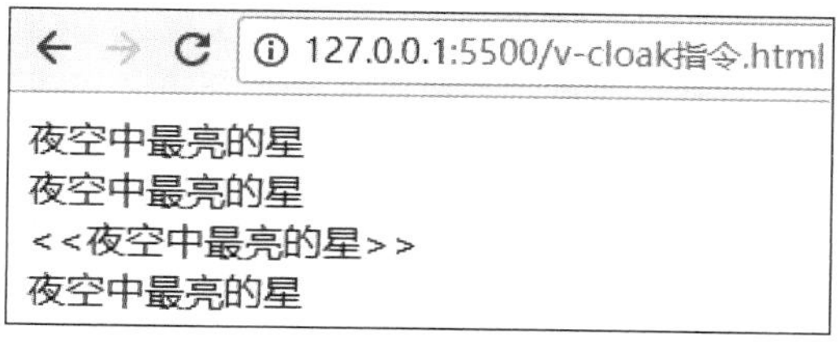

图 2-6

2.4.2 v-html 指令

如果我们要在界面中显示带样式的数据,那该怎么办呢?新建页面"v-html.html",代码如下:

```
<div id="app">
    <div v-text="html"></div>
    <div v-html="html"></div>
</div>
<script src="js/vue.js"></script>
<script>
    const app = new Vue({
        el: '#app',
        data: {
            html: '感谢每一位从身边溜走的人——<span style="color:red;">《独自等待》</span>'
        }
    })
</script>
```

浏览器中运行效果如图 2-7 所示。

图 2-7

2.5 v-bind&v-on 指令

v-bind 是 Vue 中提供的用于绑定属性的指令,v-bind:指令可以被简写为:要绑定的属性。添加页面"v-bind.html",代码如下:

```
<div id="app">
    <div style="width:100px;height:30px;background-color: green;"
```

```
            v-bind:title="myTitle"></div>
    <!-- 错误 -->
    <input type="button" value="点我吧（错误姿势）" :title="myTitle +
    '——卢照邻'" v-on:click="alert('初唐四杰（王杨卢骆）之一，排名第三')">
    <!-- 正确 -->
    <input type="button" value="点我吧（正确姿势）" :title="myTitle +
    '——卢照邻'" v-on:click="alertInfo('初唐四杰（王杨卢骆）之一，排名第三')">
</div>
<script src="js/vue.js"></script>
<script>
    const app = new Vue({
        el: '#app',
        data: {
            myTitle: '得成比目何辞死，愿作鸳鸯不羡仙'
        },
        methods: { // 这个 methods 属性中定义了当前 Vue 实例所有可用的方法
            alertInfo: function (msg) {
                alert(msg)
            }
        }
    })
</script>
```

浏览器运行效果如图 2-8 所示。

```
<div id="app">
  <div title="得成比目何辞死，愿作鸳鸯不羡仙" style="width: 100px; height: 30px; background-color: green;"></div>
  <input type="button" value="点我吧（错误姿势）" title="得成比目何辞死，愿作鸳鸯不羡仙——卢照邻">
  <input type="button" value="点我吧（正确姿势）" title="得成比目何辞死，愿作鸳鸯不羡仙——卢照邻">
```

图 2-8

v-bind 中，可以写合法的 JS 表达式，Vue 中提供了 v-on:事件绑定机制。v-on:可以被简写为@，如图 2-9 所示。

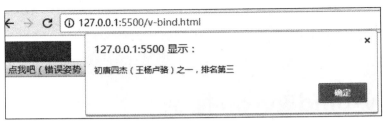

图 2-9

2.5.1 示例：跑马灯特效

跑马灯特效：首尾相接，滚动显示用户关心的文字。

本示例的跑马灯效果是：一打开页面，文本从右向左不停循环，每隔一定的时间，将第一个文字移到末尾；当鼠标放到跑马灯上的文字时，跑马灯会暂停运动。

新建页面"跑马灯效果.html"，代码如下：

```html
<div id="app">
    <div class="container" v-text="msg" @mouseenter="stop()"
      @mouseleave="start()">
    </div>
</div>
<script src="js/vue.js"></script>
<script>
    const app = new Vue({
        el: '#app',
        data: {
            msg:'你见或者不见我,我就在那里,不悲不喜;你念或者不念我,情就在那里,不来不去',
            interval: null  // 在data上定义定时器对象
        },
        //Vue 的钩子函数，页面一加载就执行，只执行一次。此时可以获取date和methods 中的
        对象，但Dom 结构还没有初始化完成，也就是说无法进行Dom 操作。
        created() {
           this.start();
        },
        methods: {
           start() { //开始定时器
              if (this.interval != null) return;
              this.interval = setInterval(() => {
                  //获取到头的第一个字符
                  var start = this.msg.substring(0, 1);
                  //获取到第一个字符后面的所有字符
                  var end = this.msg.substring(1);
                  this.msg = end + start; //重新拼接得到新的字符串,即把第一个字符截
                  取出来，放到最后一个位置，并赋值给this.msg
              }, 300)
           },
           stop() { // 停止定时器
              clearInterval(this.interval)
              // 每当清除了定时器之后，需要重新把 interval 置为 null
              this.interval = null;
           }
        },
    })
</script>
```

代码分析：在 Vue 实例中，如果想要获取 data 上的数据，或者想要调用 methods 中的方

法，必须通过 this.数据属性名或 this.方法名来进行访问，这里的 this，就表示我们 new 出来的 Vue（MVVM 中的 VM）实例对象。Vue 实例会监听自己身上 data 中所有数据的改变，只要数据一发生变化，就会自动把最新的数据从 data 上同步到页面中去。

鼠标移入移出事件分别对应@mouseenter、@mouseleave 事件。界面运行效果如图 2-10 所示。

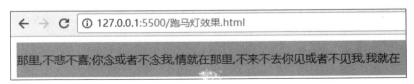

图 2-10

2.5.2 事件修饰符

在事件处理程序中调用 event.preventDefault() 或 event.stopPropagation() 是非常常见的需求。为了解决这个问题，Vue.js 为 v-on 提供了事件修饰符。修饰符是由点开头的指令后缀来表示的。

Vue 中事件修饰符：

- stop：阻止冒泡。
- prevent：阻止默认事件。
- capture：添加事件侦听器时使用事件捕获模式。
- self：只当事件在该元素本身（比如不是子元素）触发时触发回调。
- once：事件只触发一次。
- passive：告诉浏览器你不想阻止事件的默认行为。Vue2.3.0 新增，尤其能够提升移动端的性能。

我们通过一个示例来演示这些事件修饰符的作用。新建页面"事件修饰符.html"。

1. 演示 stop 修饰符

添加代码如下：

```
<div id="app">
    <!-- 使用.stop 阻止冒泡 -->
    <div class="inner" @click="innerHandler">
        <input type="button" value="点击按钮" @click.stop="btnHandler">
    </div>
</div>
<script src="js/vue.js"></script>
<script>
    const app = new Vue({
        el: '#app',
```

```
            data: {},
            methods: {
                innerHandler() {
                    console.log('触发了 inner div 的点击事件')
                },
                btnHandler() {
                    console.log('触发了按钮的点击事件')
                }
            }
        })
    </script>
```

运行结果如图 2-11 所示。

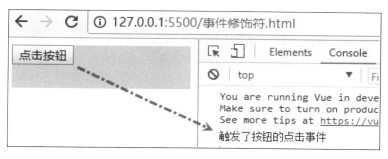

图 2-11

当我们用鼠标点击"点击按钮",查看控制台日志时,发现只执行了按钮的事件,并没有执行按钮外面 div 的事件,说明已经成功阻止了事件冒泡。

JS 事件冒泡:在一个对象上触发某类事件(比如单击 onclick 事件),如果此对象定义了此事件的处理程序,那么此事件就会调用这个处理程序;如果没有定义此事件处理程序或者事件返回 true,那么这个事件会向这个对象的父级对象传播,从里到外,直至它被处理(父级对象所有同类事件都将被激活),或者它到达了对象层次的最顶层,即 document 对象(有些浏览器是 window)。

2. 演示.prevent

继续添加如下代码:

```
<!-- 使用 .prevent 阻止默认行为 -->
<a href="https://www.cnblogs.com/jiekzou/" @click.prevent="linkClick">
    邹琼俊 - 博客园
</a>
```

methods:中添加方法 linkClick:

```
linkClick(){
    console.log('触发了 a 标签的点击事件')
}
```

保存并刷新界面，如图 2-12 所示，点击超级链接，由控制台日志可以看到已经触发了 a 标签的点击事件。但是我们的界面并没有进行跳转。如果 a 标签中有 href 属性的话，那么它的默认行为就是我们一点击，它就会跳转的。

图 2-12

3. 演示 .capture

继续添加如下代码：

```
<!-- 使用 .capture 实现捕获触发事件的机制 -->
<div class="inner" @click.capture="innerHandler">
    <input type="button" value="按钮（capture）" @click="btnHandler">
</div>
```

运行效果如图 2-13 所示。

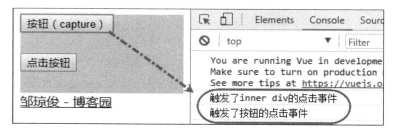

图 2-13

我们看到先执行了按钮外面 div 的点击事件，然后再执行按钮的点击事件。capture 相当于可以优先捕获事件进行执行。

4. 演示 .self

继续添加如下代码：

```
<!-- 使用 .self 实现只有点击当前元素时候，才会触发事件处理函数 -->
<div class="inner" @click.self="innerHandler">
    <input type="button" value="按钮（self）" @click="btnHandler">
</div>
```

运行效果如图 2-14 所示。

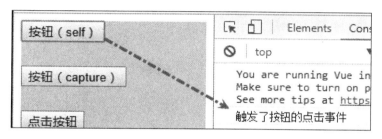

图 2-14

根据 JS 事件冒泡机制，点击了按钮，外层的 div 也会执行点击事件的，但是在这里给 div 添加了 .self 修饰符之后，div 的点击事件就没有执行了。

（1）演示.once

继续添加如下代码：

```
<!-- 使用 .once 只触发一次事件处理函数 -->
<a href="https://www.cnblogs.com/jiekzou/" @click.prevent.once="linkClick">邹琼
     俊 - 博客园 once
</a>
```

我们会发现点击第一次的时候，页面不跳转，当第二次点击的时候页面跳转了。

（2）演示.stop 和.self 的区别

我们再添加一个外层 div，并设置样式和方法。

```
<!-- 演示：.stop 和 .self 的区别 -->
<div class="outer" @click="outerHandler">
    <div class="inner" @click="innerHandler">
      <input type="button" value="stop " @click.stop="btnHandler">
    </div>
</div>
.outer {
    height: 100px;
    background-color: lightblue;
    padding: 25px;
}
outerHandler() {
    console.log('触发了 outer div 的点击事件')
},
```

此时点击按钮"stop"，控制台输出的是：触发了按钮的点击事件。接下来，我们在 class 为 inner 的 div 中添加 self 修饰符：

```
<div class="inner" @click.self="innerHandler">
```

再来看下执行结果：

- 触发了按钮的点击事件。
- 触发了 inner div 的点击事件。
- 触发了 outer div 的点击事件。

结论：.self 只会阻止自己身上冒泡行为的触发，并不会真正阻止冒泡的行为。

2.6 v-model 双向数据绑定

新建文件，双向数据绑定.html。代码如下：

```
<div id="app">
     <div>{{message}}</div>
     <div><input type="text" v-model="message" class="txt"/></div>
     <div><input type="text" v-bind:value="message" class="txt"/></div>
</div>
<script>
   new Vue({
      el:'#app',
      data:{
          message:'敌不动,我不动,敌动,我一动不动'
      }
   })
</script>
```

在浏览器中运行，修改文本框的数据，上面显示的文字也会跟随着一起变化，如图 2-15 所示。

图 2-15

分析：v-model 是 Vue 提供的一个特殊的属性，在 Vue 中被称之为指令，它其实是一个语法糖，它的作用就是双向绑定表单控件。

v-bind 只能实现数据的单向绑定，从 Model 自动绑定到 View，无法实现数据的双向绑定。

注意，v-model 只能运用在表单元素中，常见表单元素如下：

```
input(radio, text, address, email....)    select    checkbox    textarea…
```

v-model 通过修改 AST 元素，给 el 添加一个 prop，相当于我们在 input 上动态绑定了 value，又给 el 添加了事件处理，相当于在 input 上绑定了 input 事件。

<input v-model="message">其实转换成模板如下：

```
<input v-bind:value="message" v-on:input="message=$event.target.value">
```

（1）什么是 AST

AST 是指抽象语法树（abstract syntax tree）或者语法树（syntax tree），是源代码的抽象语法结构的树状表现形式。Vue 在 mount 过程中，template 会被编译成 AST 语法树。

然后，经过 generate（将 AST 语法树转化成 render function 字符串的过程）得到 render 函数，返回 VNode。VNode 是 Vue 的虚拟 DOM 节点，里面包含标签名、子节点、文本等信息。

（2）什么是叫双向数据绑定

当数据发生改变，DOM 会自动更新。

当表单控件的值发生改变，数据也会自动得到更新。

（3）jQuery 和 Vue

jQuery 提高了 DOM 操作的效率。

Vue 极大地解放了 DOM 操作（Vue 把 DOM 操作全部都屏蔽了），Vue 的核心思想就是数据驱动视图。

（4）示例：自增自减

新建页面"增减操作.html"，代码如下：

```
<div id="app">
    <button v-on:click="autoSubtract">-</button>
    <input type="text" v-model="number"/>
    <button @click="autoAdd">+</button>
</div>
<script>
    new Vue({
        el: '#app',
        data: {
            number: 0
        },
        methods: {
            //自动增加1
            autoAdd: function () {
                this.number++
            },
            //自动减1
            autoSubtract: function () {
                this.number--
            }
        }
```

```
    })
</script>
```

分析：在通过 v-on 注册的方法中，我们可以直接通过 this 来访问 data 中的数据成员，v-on 也可以用@来代替。

如果函数语句比较多，建议把处理写到独立的 JavaScript 中。方法写到 data 中也是可以的，但是此时函数内部的 this 指的是 window，而不再是 Vue 实例。所以建议所有的方法都要定义到 methods 对象中。

2.7 v-for 和 key 属性

1. v-for 指令的四种使用方式

（1）迭代普通数组

```
<ul>
    <li v-for="(item,index) in list">{{++index}}.{{item}}</li>
</ul>
```

（2）迭代对象数组

```
<ul>
    <li v-for="(item,index) in users">
      {{index++}}.[{{item.title}}]{{item.name}}
    </li>
</ul>
```

（3）迭代对象中的属性

```
<!-- 注意：在遍历对象身上的键值对的时候，除了有 val 、key，在第三个位置还有一个索引 index -->
<p v-for="(val, key, index) in userInfo">键是：{{key}}，值是：{{ val }}，索引：{{index}}
</p>
```

（4）迭代数字

```
<p v-for="i in 7">这是第 {{i}} 个 p 标签</p>
```

2.0+的版本里，当在组件中使用 v-for 时，key 现在是必需的。

当 Vue.js 用 v-for 正在更新已渲染过的元素列表时，它默认用"就地复用"策略。如果数据项的顺序被改变，Vue 将不会移动 DOM 元素来匹配数据项的顺序，而是简单地复用此处每个元素，并且确保它在特定索引下显示已被渲染过的每个元素。

为了给 Vue 一个提示，以便它能跟踪每个节点的身份，从而重用和重新排序现有元素，你需要为每项提供一个唯一 key 属性。

页面"v-for.html"完整代码如下：

```
<div id="app">
    <p v-for="(val, key, index) in userInfo">键是：{{key}}，值是：{{ val }}，索
    引：{{index}}
    </p>
    <p v-for="i in 3">这是第 {{i}} 个p标签</p>
    <ul>
        <li v-for="(item,index) in users">
          {{index++}}.[{{item.title}}]{{item.name}}
        </li>
    </ul>
    <ul>
        <li v-for="(item,index) in list">{{++index}}.{{item}}</li>
    </ul>
</div>
<script src="js/vue.js"></script>
<script>
    const app = new Vue({
        el: '#app',
        data: {
            list: ['《水浒传》', '《三国演义》', '《西游记》', '《红楼梦》'],
            users: [{ name: '段延庆', title: '恶贯满盈' },
            { name: '叶二娘', title: '无恶不做' },
            { name: '南海鳄神', title: '凶神恶煞' },
            { name: '云中鹤', title: '穷凶极恶' }],
            userInfo: {
                username: '张三丰',
                age: 100,
            }
        }
    })
</script>
```

运行效果如图 2-16 所示。

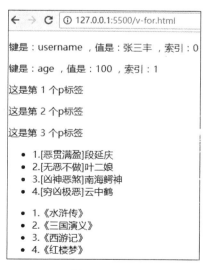

图 2-16

2. v-for 中 key 的使用注意事项

在组件中,使用 v-for 循环的时候,或者在一些特殊情况中,如果 v-for 有问题,必须在使用 v-for 的同时,指定唯一的字符串/数字类型:key 值。

key 在使用时,必须使用 v-bind 属性绑定的形式,指定 key 的值。

我们通过一个实际的应用场景来展示这个问题。

新建页面"v-for-key.html",添加如下代码:

```html
<div id="app">
    <div>
        <h3>华山论剑</h3>
        <label>Id:
            <input type="text" v-model="id">
        </label>
        <label>绰号:
            <input type="text" v-model="name">
        </label>
        <input type="button" value="晋级" @click="add">
        <table>
            <!-- :key="item.id" -->
            <tr v-for="item in list">
                <td><input type="checkbox" /></td>
                <td>{{item.id}}</td>
                <td>{{item.name}}</td>
            </tr>
        </table>
    </div>
</div>
<script src="js/vue.js"></script>
<script>
    const app = new Vue({
        el: '#app',
        data: {
            id: '',
            name: '',
            list: [
                { id: 1, name: '东邪-黄药师' },
                { id: 2, name: '西毒-欧阳锋' },
                { id: 3, name: '南帝-段智兴' },
                { id: 4, name: '北丐-洪七公' },
                { id: 5, name: '中神通-王重阳' }
            ]
        },
```

```
        methods: {
            add() { // 添加方法
                this.list.unshift({ id: this.id, name: this.name })
            }
        },
    })
</script>
```

在浏览器中,先选中王重阳,表示他是第一名,如图 2-17 所示。

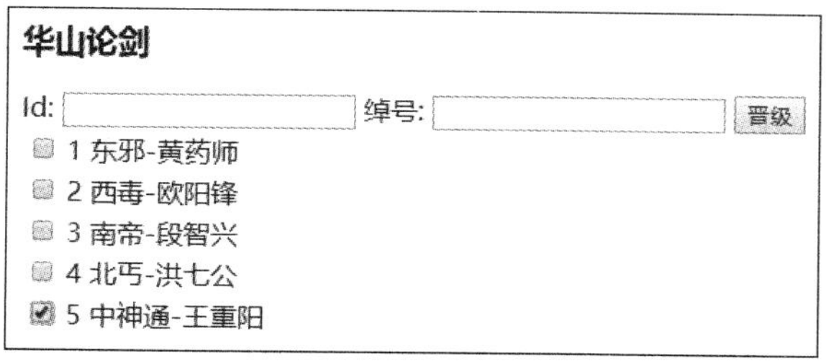

图 2-17

这个时候,我们再添加一个捣乱的裘千仞,然后点击"晋级"按钮后,运行结果如图 2-18 所示,我们发现选中项变成"4 北丐-洪七公了"。

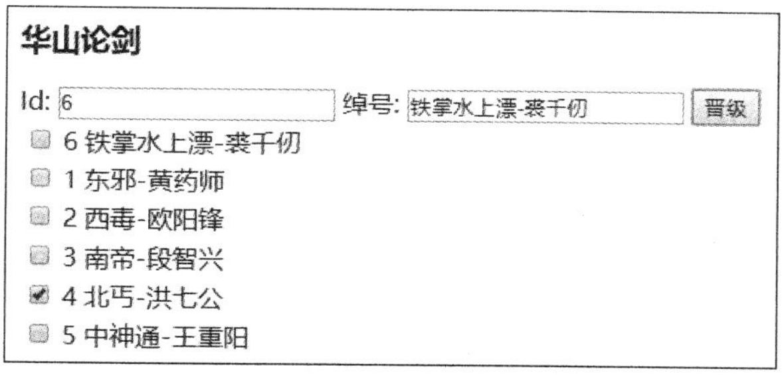

图 2-18

为了避免这种问题的出现,我们需要在代码<tr v-for="item in list">中添加 key,代码如下:

```
<tr v-for="item in list" :key="item.id">
```

注 意
key 属性只能使用 number 或者 string 类型。

2.8 v-if 和 v-show

v-if 的特点:每次都会重新删除或创建元素。

v-show 的特点：每次不会重新进行 DOM 的删除和创建操作，只是切换了元素的 display: none 样式。

一般来说，v-if 有更高的切换消耗，而 v-show 有更高的初始渲染消耗。因此，如果需要频繁切换，v-show 较好；如果在运行时条件不大可能改变，v-if 较好。

我们通过一个示例来更加直观地说明。新建页面"v-if-v-show.html"，代码如下：

```html
<div id="app">
    <div v-if="flag">从一而终</div>
    <div v-show="flag">反复无常</div>
    <input type="button" value="隐藏/显示" @click="flag=!flag">
</div>
<script src="js/vue.js"></script>
<script>
    const app = new Vue({
        el: '#app',
        data: {
            flag:true, //标记，表示是否展示
        }
    })
</script>
```

界面初始化效果如图 2-19 所示。

图 2-19

点击按钮"隐藏/显示"之后，界面如图 2-20 所示。

图 2-20

从这里我们可以看到，通过 v-if 控制的元素，如果隐藏，最终就从 DOM 中移除了，只留

下一个<!---->。而通过 v-show 控制的元素，并没有真正地移除，只是给其添加了 css 样式：display:none;。

2.9 在 Vue 中使用样式

在 Vue 中有两种常用样式使用方式，分别是使用 class 样式和使用内联样式。

2.9.1 使用 class 样式

注　意
这里的 class 需要使用 v-bind 做数据绑定。

（1）数组

```
<div :class="['red', 'default']">
待我长发及腰，东风笑别菡涛。
参商一面将报，百里关山人笑。
</div>
```

（2）数组中使用三元表达式

```
<!-- 在数组中使用三元表达式 -->
<div :class="['default', isActive?'active':'']">
凛冬月光妖娆，似媚故国人廖。连里塞外相邀，重阳茱萸早消。
</div>
```

（3）数组中嵌套对象

```
<!-- 在数组中使用 对象来代替三元表达式，提高代码的可读性 -->
<div :class="['default', 'italic', {'active':isActive} ]">
待我长发及腰，北方佳丽可好。似曾相识含苞，风花雪月明了。
</div>
```

（4）直接使用对象

```
<div :class="{default:true, italic:true, active:true}">
心有茂霜无慌，南柯一梦黄粱。相得益彰君郎，红灯澜烛入帐。
</div>
<div :class="classObj">
待我长发及腰，伊人归来可好，我已万国来朝，不见阮郎一笑。
</div>
```

2.9.2 使用内联样式

（1）直接在元素上通过:style 的形式，书写样式对象：

```
<div :style="{color: 'blue', 'font-size': '24px'}">
若我会见到你,事隔经年。我如何贺你,以眼泪,以沉默。
</div>
```

(2) 将样式对象定义到 data 中,并直接引用到 :style 中。

在 data 上定义样式:

```
styleObj:{color: 'green', 'font-size': '18px'}
```

在元素中,通过属性绑定的形式,将样式对象应用到元素中:

```
<div :style="styleObj">
最美的爱情,不是天荒,也不是地老,只是永远在一起。
</div>
```

(3) 在 :style 中通过数组,引用多个 data 上的样式对象。

在 data 上定义样式:

```
styleBase:{'font-size': '18px'},
styleOrange:{color:'orange', background: '#000000'}
```

在元素中,通过属性绑定的形式,将样式对象应用到元素中:

```
<div :style="[styleBase, styleOrange]">曾经沧海难为水,除却巫山不是云</div>
```

2.10 过滤器

Vue.js 允许你自定义过滤器,可被用作一些常见的文本格式化。过滤器可以用在两个地方:mustache 插值和 v-bind 表达式。过滤器应该被添加在 JavaScript 表达式的尾部,由"管道符"指示。

在项目中,如果存在多个页面或组件都可能用到的过滤器,就定义为全局过滤器;如果只单个界面或者单个组件使用的过滤器,就定义为私有过滤器。在编程领域,有一句话叫作:"不要重复你的代码"。

2.10.1 全局过滤器

所谓的全局过滤器,就是所有的 VM 实例都共享的。新建页面"过滤器.html",添加如下代码:

```
// 定义一个全局过滤器:四舍五入,保留小数点后 n 位
Vue.filter('toFixed', function (num, n) {
    if (isNaN(num)) {
        return 0;
```

```
    }
    const p1 = Math.pow(10, n + 1);
    const p2 = Math.pow(10, n);
    return Math.round(num * p1 / 10) / p2;
});
```

data 中添加数据：

```
val:3.14159
```

浏览运行效果如图 2-21 所示。

图 2-21

2.10.2 私有过滤器

继续添加如下代码：

```
<div id="app">
    <div> {{dt | dataFormat('yyyy-mm-dd')}}</div>
</div>
<script src="js/vue.js"></script>
<script>
        //这就是一个VM对象
        const app = new Vue({
            el: '#app',
            data: {
                dt: new Date()
            },
            filters: { // 私有局部过滤器，只能在当前 VM 对象所控制的 View 区域进行使用
                dataFormat(input, pattern = "") { //在参数列表中 通过 pattern="" 来指
                    定形参默认值，防止报错
                    var dt = new Date(input);
                    // 获取年月日
                    var y = dt.getFullYear();
                    var m = (dt.getMonth() + 1).toString().padStart(2, '0');
                    var d = dt.getDate().toString().padStart(2, '0');
                    // 如果传递进来的字符串类型，转为小写之后，等于 yyyy-mm-dd，
                        那么就返回 年-月-日
                    // 否则，就返回 年-月-日 时：分：秒
                    if (pattern.toLowerCase() === 'yyyy-mm-dd') {
                        return `${y}-${m}-${d}`;
                    } else {
```

```
              // 获取时分秒
              var hh = dt.getHours().toString().padStart(2, '0');
              var mm = dt.getMinutes().toString().padStart(2, '0');
              var ss = dt.getSeconds().toString().padStart(2, '0');
              return `${y}-${m}-${d} ${hh}:${mm}:${ss}`;
            }
          }
        }
      })
</script>
```

运行并查看结果，如图 2-22 所示。

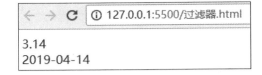

图 2-22

注　意
当有局部和全局两个名称相同的过滤器时候，会以就近原则进行调用，即局部过滤器优先于全局过滤器被调用！

过滤器在定义的时候，第一个参数代表的是需要过滤的数据本身。

2.11 键盘修饰符以及自定义键盘修饰符

在监听键盘事件时，我们经常需要检查具体的按键。Vue 允许为 v-on 在监听键盘事件时添加按键修饰符：

```
<!-- 只有在 `key` 是 `Enter` 时调用 `vm.submit()` -->
<input v-on:keyup.enter="submit">
```

为了在必要的情况下支持低版本浏览器，Vue 提供了绝大多数常用的按键码的别名：

- .enter
- .tab
- .delete（捕获"删除"和"退格"键）
- .esc
- .space
- .up

- .down
- .left
- .right

有一些按键（.esc 以及所有的方向键）在 IE9 中有不同的 key 值，如果你想支持 IE9，这些内置的别名应该是首选。

你还可以通过 Vue.config.keyCodes.名称=按键值来自定义按键修饰符的别名：

```
Vue.config.keyCodes.f2 = 113; /F2 键
```

键盘与鼠标按键的键值对照表：https://blog.csdn.net/u010620152/article/details/55258350。

2.12 自定义指令

Vue 中自带了许多 v-开头的指令，我们还可以根据需要自定义和扩展一些指令。新建页面"自定义指令.html"。

1. 自定义全局和局部的自定义指令

```
// 自定义全局指令 v-focus，为绑定的元素自动获取焦点
Vue.directive('focus', {
        bind: function (el) { },
        inserted: function (el) {
           el.focus()
        },
        updated: function (el) {
        }
})
// 自定义局部指令 v-color 和 v-font-weight，为绑定的元素设置指定的字体颜色和字体粗细：
directives: {
           color: { // 为元素设置指定的字体颜色
              bind(el, binding) {
                 el.style.color = binding.value;
              }
           },
           //如果要定义的指令名称中间有-号，我们可以将指令名称用字符包起来
           //自定义指令的简写形式，等同于定义了 bind 和 update 两个钩子函数
           'font-size': function (el, binding) {
              el.style.fontSize = binding.value+'px';
           }
}
```

代码说明：

参数 1：指令的名称，注意，在定义的时候，指令的名称前面，不需要加 v-前缀。但是，在调用的时候，必须在指令名称前加上 v-前缀来进行调用。

参数 2：是一个对象，这个对象身上，有一些指令相关的函数，这些函数可以在特定的阶段，执行相关的操作。

- **bind**：每当指令绑定到元素上的时候，就会立即执行这个 bind 函数，只执行一次，在每个函数中，第一个参数，永远是 el，表示被绑定了指令的那个元素，这个 el 参数，是一个原生的 JS 对象，在元素刚绑定了指令的时候，还没有插入到 DOM 中去，这时候，调用 focus 方法没有作用，因为，一个元素只有插入 DOM 之后，才能获取焦点。
- **inserted**：表示元素插入到 DOM 中的时候，会执行 inserted 函数（触发 1 次）。/ 和 JS 行为有关的操作，最好在 inserted 中去执行，否则放置 JS 行为不生效。
- **updated**：当 VM 更新的时候，会执行 updated，可能会触发多次。

2. 自定义指令的使用方式

```
<input type="text" v-model="searchName" v-focus v-color="'red'" v-font-size="24">
```

运行效果如图 2-23 所示。

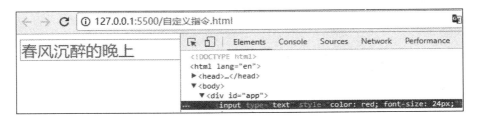

图 2-23

2.13 增删改查示例

我们通过一个示例来总结本章所学到的知识，主要是新建页面"CRUD.html"，添加如下代码：

```
<link rel="stylesheet" href="css/bootstrap.css" />
</head>

<body>
<div id="app">
    <div class="panel panel-primary">
        <div class="panel-heading">
            <h3 class="panel-title">添加用户</h3>
```

```html
        </div>
        <div class="panel-body form-inline">
            <label>
                用户名称:
                <input type="text" class="form-control" v-model="userInfo.username">
            </label>
            <label>
                江湖绰号:
                <input type="text" class="form-control"
                    v-model="userInfo.title">
            </label>
            <label>
                搜索名称关键字:
                <input type="text" class="form-control" v-focus
                    v-model="keywords">
            </label>
            <!-- 在 Vue 中,使用事件绑定机制,为元素指定处理函数的时候,如果加了小括号,就
            可以给函数传参了 -->
            <input type="button" value="添加" class="btn btn-primary"
                @click="addUser()">
        </div>
    </div>
    <table class="table table-hover">
        <thead>
            <tr>
                <th>ID</th>
                <th>用户名</th>
                <th>绰号</th>
                <th>创建时间</th>
                <th>操作</th>
            </tr>
        </thead>
        <tbody>
            <!-- 在 search 方法内部,通过执行 for 循环,把所有符合搜索关键字的数据,保存到
            一个新数组中,返回 -->
            <tr v-for="item in search(keywords)">
                <td>{{item.id}}</td>
                <td>{{item.username}}</td>
                <td>{{item.title}}</td>
                <td>{{item.createTime|dataFormat}}</td>
                <td>
                    <a href="" @click.prevent="delUser(item.id)">删除</a>
```

```html
                </td>
            </tr>
        </tbody>
    </table>
</div>
<script src="js/vue.js"></script>
<script>
    // 自定义全局指令 v-focus,为绑定的元素自动获取焦点:
    Vue.directive('focus', {
        inserted: function (el) { // inserted 表示被绑定元素插入父节点时调用
            el.focus();
        }
    });
    Vue.filter('dataFormat',// 全局过滤器,所有 VM 对象所控制的 View 区域都能进行使用
        //在参数列表中 通过 pattern="" 来指定形参默认值,防止报错
        function (input, pattern = "") {
            var dt = new Date(input);
            // 获取年月日
            var y = dt.getFullYear();
            var m = (dt.getMonth() + 1).toString().padStart(2, '0');
            var d = dt.getDate().toString().padStart(2, '0');
            //如果传递进来的字符串类型,转为小写之后,等于 yyyy-mm-dd,那么就返回年-月-日
            // 否则,就返回  年-月-日 时:分:秒
            if (pattern.toLowerCase() === 'yyyy-mm-dd') {
                return `${y}-${m}-${d}`;
            } else {
                // 获取时分秒
                var hh = dt.getHours().toString().padStart(2, '0');
                var mm = dt.getMinutes().toString().padStart(2, '0');
                var ss = dt.getSeconds().toString().padStart(2, '0');
                return `${y}-${m}-${d} ${hh}:${mm}:${ss}`;
            }
        });

    const app = new Vue({
        el: '#app',
        data: {
            keywords: '',
            userInfo: { username: '', title: '' },
            list: [
                { id: 1, username: '楚留香', title: '盗帅', createTime: new Date() },
                {id: 2, username: '沈浪', title: '天下第一名侠', createTime: new Date() }
```

```
        ]
    },
    methods: {
        //添加用户
        addUser() {
            var id = this.list[this.list.length - 1].id + 1;
            var userInfo = { id: id, username: this.userInfo.username,
            title: this.userInfo.title, createTime: new Date() };
            this.list.push(userInfo);
            this.userInfo = { username: '', title: '' };
        },
        //获取数组中的最大主键值并+1
        getId() {
            var ids = this.list.map(n => {
                return n.id;
            });
            var id = Math.max.apply(Math, ids);
            return id + 1;
        },
        // 根据 Id 删除用户
        delUser(id) {
            // 1. 如何根据 Id，找到要删除这一项的索引
            // 2. 如果找到索引了，直接调用数组的 splice 方法进行移除
            var index = this.list.findIndex(item => {
                if (item.id == id) {
                    return true;
                }
            })
            this.list.splice(index, 1)
        },
        // 根据关键字（用户名），进行数据的搜索
        search(keywords) {
            // 注意: forEach、some、filter、findIndex、这些都属于数组的新方法，
            //  都会对数组中的每一项，进行遍历，执行相关的操作;
            return this.list.filter(item => {
                // ES6 中，为字符串提供了一个新方法，叫作
                //String.prototype.includes('要包含的字符串')
                //  如果包含, 则返回 true, 否则返回 false
                if (item.username.includes(keywords)) {
                    return item
                }
            })
        }
```

```
            },
        })
</script>
```

界面运行效果如图 2-24 所示。

图 2-24

虽然叫增删改查示例,但是此处并没有实现更新的功能,请读者自己把更新的功能实现一下,甚至可以按照自己的方式来重新实现这个示例的功能。如果你能够独立完成这个示例项目,说明 Vue 已经基本入门了。

第 3 章
Vue 进阶

3.1 Vue 生命周期

- **生命周期**：从 Vue 实例创建、运行、到销毁期间，总是伴随着各种各样的事件，这些事件统称为生命周期。
- **生命周期钩子**：是生命周期事件的别名。生命周期钩子 = 生命周期函数 = 生命周期事件。

生命周期图示，如图 3-1 和图 3-2 所示。

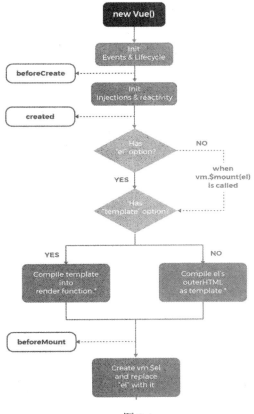

图 3-1

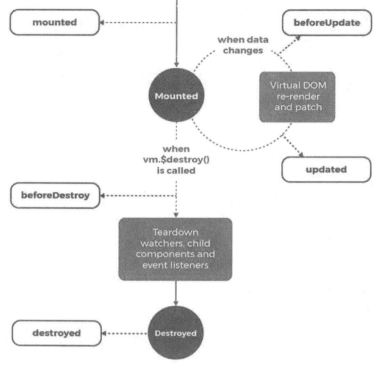

图 3-2

主要的生命周期函数分类说明如下。

- 创建期间的生命周期函数：
  - beforeCreate：实例刚在内存中被创建出来，此时，还没有初始化好 data 和 methods 属性。这个对象身上只有默认的一些生命周期函数和默认的事件，其他的东西都未创建。
  - created：实例已经在内存中创建 OK，此时 data 和 methods 已经创建 OK，此时还没有开始编译模板。如果要调用 methods 中的方法，或者操作 data 中的数据，最早只能在 created 中操作。
  - beforeMount：此时已经完成了模板的编译，但是还没有挂载到页面中，此时页面还是旧的。
  - mounted：此时，已经将编译好的模板，挂载到了页面指定的容器中显示。如果要通过某些插件操作页面上的 DOM 节点，最早只能在 mounted 中进行。只要执行完了 mounted，就表示整个 Vue 示例已经初始化完毕了，此时组件已经脱离了创建阶段，进入到了运行阶段。
- 运行期间的生命周期函数：
  - beforeUpdate：状态更新之前执行此函数，此时 data 中的状态值是最新的，但是界面上显示的数据还是旧的，因为此时还没有开始重新渲染 DOM 节点。
  - updated：实例更新完毕之后调用此函数，此时 data 中的状态值和界面上显示的数据，都已经完成了更新，界面已经被重新渲染好了！

当执行 beforeDestroy 钩子函数的时候，Vue 实例就已经从运行阶段进入到了销毁阶段。

- 销毁期间的生命周期函数：
  - beforeDestroy：实例销毁之前调用。在这一步，实例仍然完全可用。实例身上所有的 data、methods、过滤器、指令…都处于可用状态，此时，还没有真正执行销毁的过程。
  - destroyed：Vue 实例销毁后调用。调用后，Vue 实例指示的所有东西都会解绑定，所有的事件监听器会被移除，所有的子实例也会被销毁。
  - new Vue()：表示开始创建一个 Vue 的实例对象。
- Virtual DOM re-render and patch：这一步执行的是：先根据 data 中最新的数据，在内存中重新渲染一份最新的内存 DOM 书，当最新的内存 DOM 树被更新之后，会把最新的内存 DOM 树重新渲染到真实页面中去，这时候，就完成了数据从 data（Model 层）→ view（视图层）的更新。

3.2 axios 介绍

Vue 官网宣布不再继续维护 vue-resource，并推荐大家使用 axios。它是一个基于 Promise 的 HTTP 库，可以用在浏览器和 Node.js 中。

- axios 特性

（1）从浏览器中创建 XMLHttpRequests。
（2）从 Node.js 创建 HTTP 请求。
（3）支持 Promise API。
（4）拦截请求和响应。
（5）转换请求数据和响应数据。
（6）取消请求。
（7）自动转换 JSON 数据。
（8）客户端支持防御 XSRF。

浏览器支持情况如图 3-3 所示。

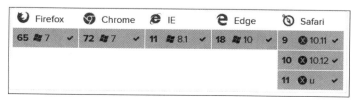

图 3-3

- axios 安装

使用 npm：

```
$ npm install axios
```

使用 cdn：

```
<script src="https://unpkg.com/axios/dist/axios.min.js"></script>
```

- axios 使用说明

仅以最为常见的 get、post 请求为例。

执行 GET 请求：

```
// 为给定 ID 的 user 创建请求
axios.get('/user?ID=12345')
  .then(function (response) {
    console.log(response);
  })
  .catch(function (error) {
    console.log(error);
  });

// 可选地，上面的请求可以这样做
axios.get('/user', {
    params: {
      ID: 12345
    }
  })
  .then(function (response) {
    console.log(response);
  })
  .catch(function (error) {
    console.log(error);
  });
```

执行 POST 请求：

```
axios.post('/user', {
    firstName: 'Fred',
    lastName: 'Flintstone'
  })
  .then(function (response) {
    console.log(response);
  })
  .catch(function (error) {
    console.log(error);
```

```
});
```

关于 axios 更详细的操作说明，请查看官方文档，这里就不再赘述，具体参考网址为 https://www.kancloud.cn/yunye/axios/234845。

在实际工作中，通常把对 axios 的操作进行统一封装，因为我们发送的所有请求可能都需要带上 token，进行权限验证，我们可以统一添加请求过滤器，把 token 带上，还可以添加响应过滤器，当接收到不同的响应码时，统一进行相应的处理。例如，新建一个对 axios 进行全局配置的文件 request.js：

```
import axios from 'axios'
import { Message, MessageBox } from 'element-ui'
import store from '../store'

// 创建 axios 实例
const service = axios.create({
  baseURL: process.env.BASE_API, // api 的 base_url
  timeout: 5000 // 请求超时时间
})

// request 拦截器
service.interceptors.request.use(
  config => {
    if (store.getters.token) {
      // 让每个请求携带自定义 token 请根据实际情况自行修改
      config.headers['X-Token'] = localStorage.getItem("$token")
    }
    return config
  },
  error => {
    // Do something with request error
    console.log(error) // for debug
    Promise.reject(error)
  }
)

// response 拦截器
service.interceptors.response.use(
  response => {
    /**
     * code 为非 200 是抛错 可结合自己业务进行修改
     */
    const res = response.data
    if (res.Status !== '200') {
```

```
        Message({
          message: res.message,
          type: 'error',
          duration: 5 * 1000
        })

        // 401:非法的token； 402:其他客户端登录了； 403:Token 过期了；
        if (res.Status === 401 || res.Status === 402 || res.Status === 403) {
          MessageBox.confirm(
            '你已被登出,可以取消继续留在该页面,或者重新登录',
            '确定登出',
            {
              confirmButtonText: '重新登录',
              cancelButtonText: '取消',
              type: 'warning'
            }
          ).then(() => {
            //退出登录操作
          })
        }
        return Promise.reject('error')
      } else {
        return response.data
      }
    },
    error => {
      console.log('err' + error) // for debug
      Message({
        message: error.message,
        type: 'error',
        duration: 5 * 1000
      })
      return Promise.reject(error)
    }
)

export default service
```

3.2.1 跨域请求

由于浏览器的安全性限制,不允许 AJAX 访问协议不同、域名不同、端口号不同的数据接口,浏览器认为这种访问不安全。

实现跨域最常用的几种方式:

- JSONP
- 代理
- 后端接口跨域支持

1. JSONP 的实现原理

可以通过动态创建 script 标签的形式，把 script 标签的 src 属性，指向数据接口的地址，因为 script 标签不存在跨域限制，这种数据获取方式，称作 JSONP（注意：根据 JSONP 的实现原理，可以得知 JSONP 只支持 Get 请求，所以实际开发过程中此方法并不常用）。

具体实现过程：

（1）先在客户端定义一个回调方法，预定义对数据的操作。
（2）再把这个回调方法的名称，通过 URL 传参的形式，提交到服务器的数据接口。
（3）服务器数据接口组织好要发送给客户端的数据，再拿着客户端传递过来的回调方法名称，拼接出一个调用这个方法的字符串，发送给客户端去解析执行。
（4）客户端拿到服务器返回的字符串之后，当作 Script 脚本去解析执行，这样就能够拿到 JSONP 的数据了。

2. 代理

axios 支持代理配置，我们可以通过设置代理来防止跨域问题。通常在代码中对 axios 进行全局代理配置，当我们最终把前端代码发布到生产服务器的时候，再通过 Nginx 等代理服务器来进行请求转发，这样我们的前端代码和后端接口就可以部署在不同的服务器上，也不会产生跨域问题。

3. 后端接口跨域支持

后端接口支持跨域，这个也很简单，就是后端程序员（编写接口的），通过过滤器对接口请求进行配置，从而准许接口能够被跨域访问。这样一来，我们前端程序员啥也不用管，直接就可以调用。

3.2.2 Node 手写 JSONP 服务器剖析 JSONP 原理

为了帮助大家更好的理解 JSONP 原理，我们通过 Node.js 来手动实现一个 JSONP 的请求例子。

（1）新建一个基于 Node.js 的服务端界面 jsonp-server.js，代码如下：

```
// 1.导入http内置模块
const http = require('http')
// 2.这个核心模块，能够帮我们解析URL地址，从而拿到pathname 和 query 等
const url  = require('url')

// 3.创建一个http服务器
```

```
const server = http.createServer()
// 4.监听 http 服务器的 request 请求
server.on('request', function (req, res) {
  // 使用遗留的 API 解析 URL 字符串
  /**url.parse 方法
   * 参数1: 要解析的 URL 字符串
   * 参数2: 如果设为 true,则返回的 URL 对象的 query 属性会是一个使用 querystring 模块的 parse()
生成的对象
   */
  const { pathname: url, query } = url.parse(req.url, true)

  if (url === '/actionScript') {
    //5. 拼接一个合法的 JS 脚本,这里拼接的是一个方法的调用
    var data = {
      name: '无痕公子',
      title:'春梦了无痕',
      age: 40,
    }

    var scriptStr = `${query.callback}(${JSON.stringify(data)})`
    //6. res.end 发送给客户端,客户端把这个字符串当作 JS 代码去解析执行
    res.end(scriptStr)
  } else {
    res.end('404')
  }
})

// 指定端口号并启动服务器监听
server.listen(8000, function () {
  console.log('server listen at http://127.0.0.1:8000')
})
```

（2）新建一个客户端调用界面 jsonp-client.html，添加如下代码：

```
<script>
    function showInfo(data) {
        console.log(data)
    }
</script>
<script src="http://127.0.0.1:8000/actionScript?callback=showInfo"></script>
```

（3）启动 JSONP 服务端页面：

```
PS D:\WorkSpace\vue_book\codes\chapter3> node ./jsonp-server.js
server listen at http://127.0.0.1:8000
```

（4）运行结果如图 3-4 所示。

图 3-4

分析：Node 服务端监听的是 8000 端口，而我们的客户端界面使用的是 5500 端口，客户端界面要调用服务端的接口，这时就已经涉及跨域了。在客户端，首先声明一个回调函数 showInfo，然后在 script 的 src 属性中把这个方法名称当成参数传递给服务端，服务端接收到这个回调函数名称，再以字符串的形势构造回调函数及参数，直接返回给客户端，客户端接收到这个字符串，浏览器就会自动解析，然后执行回调函数。

3.3 Vue 过渡动画

为什么要有动画？动画能够提高用户的体验，帮助用户更好地理解页面中的功能。
Vue 中过渡效果实现方式通常有如下 4 种：

- 在 CSS 过渡和动画中自动应用 class。
- 可以配合使用第三方 CSS 动画库，如 Animate.css。
- 在过渡钩子函数中使用 JavaScript 直接操作 DOM。
- 可以配合使用第三方 JavaScript 动画库，如 Velocity.js。

在哪些情况下可能会使用到过渡效果？

- 条件渲染（使用 v-if）
- 条件展示（使用 v-show）
- 动态组件
- 组件根节点

3.3.1 单元素/组件的过渡

Vue 提供了 transition 的封装组件，专门用于处理过渡。过渡效果分为了两部分：进入和离开。

在进入/离开的过渡中，会有 6 个 class 切换。

- v-enter：定义进入过渡的开始状态。在元素被插入之前生效，在元素被插入之后的下一帧移除。
- v-enter-active：定义进入过渡生效时的状态。在整个进入过渡的阶段中应用，在元素被插入之前生效，在过渡/动画完成之后移除。这个类可以被用来定义进入过渡的过程时间、延迟和曲线函数。
- v-enter-to：2.1.8 版及以上定义进入过渡的结束状态。在元素被插入之后下一帧生效（与此同时 v-enter 被移除），在过渡/动画完成之后移除。
- v-leave：定义离开过渡的开始状态。在离开过渡被触发时立刻生效，下一帧被移除。
- v-leave-active：定义离开过渡生效时的状态。在整个离开过渡的阶段中应用，在离开过渡被触发时立刻生效，在过渡/动画完成之后移除。这个类可以被用来定义离开过渡的过程时间、延迟和曲线函数。
- v-leave-to：2.1.8 版及以上定义离开过渡的结束状态。在离开过渡被触发之后下一帧生效（与此同时 v-leave 被删除），在过渡/动画完成之后移除。

过渡效果如图 3-5 所示。

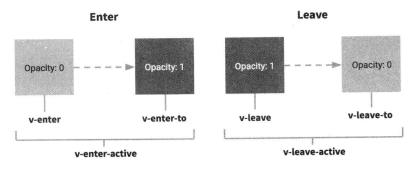

图 3-5

1. 使用过渡类名实现 CSS 动画

我们通过一个示例来演示使用过渡类名实现 CSS 动画。示例需求为：点击按钮显示一段文字，再点击按钮隐藏这段文字。

新建页面"过渡类名实现动画.html"，然后通过如下三步来实现：

（1）定义 HTML 结构，使用 transition 将需要过渡的元素包裹起来：

```
<div id="app">
    <input type="button" value="隐藏/显示" @click="flag=!flag">
    <!-- 1. 使用 transition 元素，把需要被动画控制的元素，包裹起来 -->
    <transition>
        <div v-if="flag"> 你见，或者不见我，我就在那里，不悲不喜 </div>
    </transition>
</div>
```

（2）VM 实例：

```
// 2. 创建 一个Vue 实例，得到 ViewModel
var vm = new Vue({
    el: '#app',
    data: {
        flag: false //控制隐藏显示，true 为显示，false 则为隐藏
    },
    methods: {}
});
```

（3）定义两组类样式：

```
/* v-enter 【时间点】 是进入之前，元素的起始状态，此时还没有开始进入 */
/* v-leave-to 【时间点】 是动画离开之后，离开的终止状态，此时，元素动画已经结束了*/
.v-enter,
.v-leave-to {
    opacity: 0;
    transform: translateX(150px);
}
/* v-enter-active 【入场动画的时间段】 */
/* v-leave-active 【离场动画的时间段】 */
.v-enter-active,
.v-leave-active {
    transition: all 0.8s ease;
}
```

注 意
"v-"是在transition 没有使用name 的情况下样式的前缀。如果使用了name，样式的前缀"v-"将变为 "'name 名称'-"。

示例代码如下：

```
<transition name="fade">
    /* 定义进入过渡的开始状态和离开过渡的结束状态 */
    .fade-enter,
    .fade-leave-to {
        opacity: 0;
        transform: translateX(100px);
    }
    /* 定义进入和离开时的过渡状态 */
    .fade-enter-active,
    .fade-leave-active {
        transition: all 0.2s ease;
        position: absolute;
```

```
    }
......
```

2. 使用第三方 CSS 动画库（Animate.css）

Animate.css 提供了许多的动画效果。官网地址为 https://daneden.github.io/animate.css/。
transition 支持自定义过渡的类名，我们可以通过以下特性来自定义过渡类名：

- enter-class
- enter-active-class
- enter-to-class（2.1.8+）
- leave-class
- leave-active-class
- leave-to-class（2.1.8+）

通过自定义过渡的类名，再结合第三方的 CSS 动画库，就可以实现不同的动画效果。
我们基于 3.3.1 小节中的实例来稍做改造，新建页面"Animate-Demo.html"。

（1）引入第三方 CSS 动画库 Animate.css：

```html
<link rel="stylesheet" href="./css/animate.css">
```

（2）自定义过渡的类名：

```html
<!-- 1. 使用 transition 元素，把需要被动画控制的元素，包裹起来 -->
<transition enter-active-class="animated bounceIn" leave-active-class="animated
        bounceOut">
          <div v-if="flag">你见，或者不见我，我就在那里，不悲不喜</div>
</transition>
<!-- 2.使用 :duration="毫秒值" 来统一设置入场和离场时候的动画时 -->
<transition enter-active-class="rubberBand"
          leave-active-class="swing" :duration="200">
          <div v-if="flag" class="animated">你念，或者不念我，情就在那里，不来不去</div>
</transition>
<!-- 3.使用 :duration="{ enter: 300, leave: 600 }" 来分别设置入场的时长和离场的时长
     -->
<transition enter-active-class="bounceIn"
        leave-active-class="bounceOut" :duration="{ enter: 200, leave: 400 }">
          <div v-if="flag" class="animated">
            你爱，或者不爱我，爱就在那里，不增不减
          </div>
</transition>
```

3. 半场动画

在某些应用场景下，我们可能只需要进场的动画，不需要出场的动画，这也称为半场动画。
直接在 transition 属性中声明钩子函数，代码如下所示：

```
<transition
    <!-- 入场钩子函数 -->
    v-on:before-enter="beforeEnter"
    v-on:enter="enter"
    v-on:after-enter="afterEnter"
    v-on:enter-cancelled="enterCancelled"
    <!-- 离场钩子函数 -->
    v-on:before-leave="beforeLeave"
    v-on:leave="leave"
    v-on:after-leave="afterLeave"
    v-on:leave-cancelled="leaveCancelled"
  >
</transition>
```

说到半场动画，例如我们网上有买过东西，肯定见过将商品添加到购物车时，有一个小球的动画效果，我们以此为例来实现类似的效果。

通过 CSS 样式过渡无法实现半场动画，可以通过 Vue 中提供了钩子函数来实现。

新建页面"小球半场动画.html"。

（1）定义 transition 组件以及三个钩子函数：

```
<div id="app">
    <input type="button" value="添加到购物车" @click="flag=!flag" class="btn">
    <!-- 使用 transition 元素把小球包裹起来 -->
    <transition @before-enter="beforeEnter" @enter="enter"
      @after-enter="afterEnter">
        <div class="ball" v-show="flag"></div>
    </transition>
</div>
```

（2）定义三个 methods 钩子方法：

```
// 创建一个 Vue 实例，得到 ViewModel
var vm = new Vue({
    el: '#app',
    data: {
        flag:false//控制隐藏显示，true 为显示，false 则为隐藏
},
methods: {
        //el 表示要执行动画的那个 DOM 元素，是个原生的 JS DOM 对象
        //el 可以理解为 document.getElementById('')方式获取到的原生 JS DOM 对象
        beforeEnter(el) {
            // beforeEnter 表示动画入场之前，此时，动画尚未开始，可以在 beforeEnter
                中，设置元素开始动画之前的起始样式
            // 设置小球开始动画之前的起始位置
            el.style.transform = "translate(0, 0)";
```

```
        },
        enter(el, done) {
            // 这句话,没有实际的作用,但是如果不写,就出不来动画效果;
            // 可以认为el.offsetWidth会强制动画刷新
            el.offsetWidth
            // enter 表示动画开始之后的样式,这里可以设置小球完成动画之后的结束状态
            el.style.transform = "translate(200px,-200px)"
            el.style.transition = 'all 2s cubic-bezier(0,.54,.55,1.18)'
            // 这里的done,起始就是afterEnter这个函数,也就是说,done是afterEnter
              函数的引用。
            // 当与CSS结合使用时,回调函数done是可选的
            done()
        },
        afterEnter(el) {
            // 动画完成之后,会调用afterEnter
            // console.log('ok')
            this.flag = !this.flag
        }
}
```

（3）定义小球样式和位置:

```
/* 设置小球样式和位置 */
.ball {
        width: 15px;
        height: 15px;
        border-radius: 50%;
        background-color: red;
        position: absolute;
        z-index: 99;
        top: 200px;
        left: 120px;
}
.btn{
        position: absolute;
        top: 200px;
}
```

> **注　意**
>
> 当只用 JavaScript 过渡的时候,在 enter 和 leave 中必须使用 done 进行回调。否则,它们将被同步调用,过渡会立即完成。

推荐对于仅使用 JavaScript 过渡的元素添加 v-bind:css="false",Vue 会跳过 CSS 的检测。这也可以避免过渡过程中 CSS 的影响。

运行效果如图3-6所示。

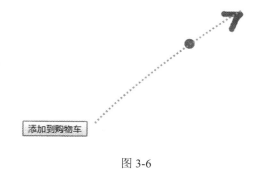

图 3-6

3.3.2 列表过渡

那么怎么同时渲染整个列表，比如使用v-for？在这种场景中，可以使用<transition-group>组件。

这个组件有如下几个特点：

- 不同于 <transition>，它会以一个真实元素呈现：默认为一个 <span>。你也可以通过 tag 特性更换为其他元素。
- 过渡模式不可用，因为我们不再相互切换特有的元素。
- 内部元素总是需要提供唯一的 key 属性值。

在实现列表过渡的时候，如果需要过渡的元素，是通过 v-for 循环渲染出来的，不能使用 transition 包裹，需要使用 transitionGroup。如果要为 v-for 循环创建的元素设置动画，必须为每一个元素设置 :key 属性。

新建页面"列表过渡.html"。

（1）设置transition-group，代码如下：

```
<!-- 给 transition-group 添加 appear 属性，实现页面刚展示出来时候，入场时的效果 -->
<transition-group appear tag="ul">
    <li v-for="(item, i) in list" :key="item.name" @click="del(i)">
        {{item.name}} --- {{item.ceo}}
    </li>
</transition-group>
```

（2）设置过渡样式：

```
.v-enter,
.v-leave-to {
    opacity: 0;
    transform: translateY(80px);
}
```

```
.v-enter-active,
.v-leave-active {
     transition: all 0.6s ease;
}
```

运行结果如图 3-7 所示。

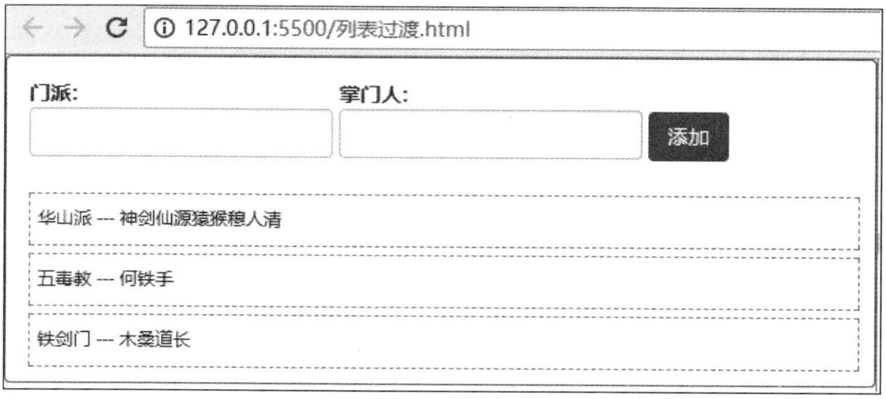

图 3-7

<transition-group>组件还有一个特殊之处。不仅可以进入和离开动画，还可以改变定位。要使用这个新功能只需了解新增的 v-move 特性，它会在元素的改变定位的过程中应用。

将 v-move 和 v-leave-active 结合使用，能够让列表的过渡更加平缓柔和。

```
.v-move {
     transition: all 0.6s ease;
}
.v-leave-active {
     position: absolute;
}
```

第 4 章 ◀ Vue组件开发 ▶

4.1 组件介绍

什么是组件？组件的出现，就是为了拆分 Vue 实例的代码的，能够让我们以不同的组件来划分不同的功能模块，将来我们需要什么样的功能，就可以去调用对应的组件即可。

组件化和模块化的不同如下：

- 模块化：是从代码逻辑的角度进行划分的；方便代码分层开发，保证每个功能模块的职能单一。
- 组件化：是从 UI 界面的角度进行划分的；前端的组件化，方便 UI 组件的重用。

4.1.1 全局组件定义的三种方式

（1）使用 Vue.extend 配合 Vue.component 方法：

```
var login = Vue.extend({
// 通过 template 属性，指定了组件要展示的 HTML 结构
        template: '<h3>登录</h3>'
});
//使用 Vue.component('组件的名称'，创建出来的组件模板对象)
Vue.component('myLogin', login);
```

如果要使用组件，需要直接把组件的名称，以 HTML 标签的形式引入到页面中。

注 意

如果在使用 Vue.component 定义全局组件的时候，组件名称使用了驼峰命名，那么在引用组件的时候，需要把大写的驼峰改为小写的字母，同时，两个单词之前，使用 – 连接；如果不使用驼峰，那么直接拿名称来使用即可。

```
<div id="app">
        <my-login></my-login>
</div>
```

运行结果如图 4-1 所示。

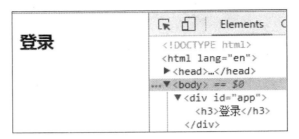

图 4-1

（2）直接使用 Vue.component 方法：

```
Vue.component('register', {
    template: '<h3>注册</h1>'
});
```

调用：

```
<register></register>
```

注　意
不论是哪种方式创建出来的组件，组件的 template 属性指向的模板内容，必须有且只能有唯一的一个根元素。

```
// 错误
Vue.component('register2', {
    template: '<h3>注册 2</h3><div>正文</div>'
});
// 正确
Vue.component('register3', {
    template: '<div><h3>注册 3</h3><div>正文</div></div>'
});
```

浏览器控制台错误内容提示如图 4-2 所示。

图 4-2

(3) 将模板字符串，定义到 script 标签中：

```html
<script id="tmpl" type="x-template">
    <div><a href="#">登录</a> | <a href="#">注册</a></div>
</script>
```

同时，需要使用 Vue.component 来定义组件：

```javascript
Vue.component('account', {
    template: '#tmpl'
});
```

4.1.2 使用 components 定义私有组件

在 components 中定义私有组件：

```javascript
components: { // 定义实例内部私有组件的
    login: {
        template: '#tmpl_private'
    }
},
```

定义模板字符串：

```html
<template id="tmpl_private">
    <h1>这是私有组件</h1>
</template>
```

4.1.3 组件中展示数据和响应事件

（1）在组件中，data 需要被定义为一个方法，例如：

```javascript
Vue.component('account', {
    template: '#tmpl', data() {
        return {
            title: '后台登录'
        }
    },
    methods: {
        login() {
            console.log('点击了'+this.title+'页面的登录按钮');
        }
    }
});
```

（2）在子组件中，如果将模板字符串定义到了 script 标签中，那么，要访问子组件身上的 data 属性中的值，需要使用 this 来访问：

```html
<script id="tmpl" type="x-template">
```

```
    <div>
    <h3 v-text="title"></h3>
    <a href="#" @click.prevent='login'>登录</a>
    <a href="#">注册</a>
    </div>
</script>
```

运行界面如图 4-3 所示。

图 4-3

思　考
为什么组件中的 data 属性必须定义为一个方法并返回一个对象?

当组件在同一个页面被重复调用的时候,通过方法返回一个对象的方式,可以保证每个组件中的数据各自独立互不干扰。

4.1.4　组件切换

使用 flag 标识符结合 v-if 和 v-else 切换组件。

1. 页面结构

```
<div id="app">
    <a href="" @click.prevent="flag=true">登录</a>
    <a href="" @click.prevent="flag=false">注册</a>
    <login v-if="flag"></login>
    <register v-else="flag"></register>
</div>
```

2. Vue 实例定义

```
var login = Vue.extend({
    template: '<h3>登录</h3>'
});
Vue.component('login', login);
Vue.component('register', {
    template: '<h3>注册</h3>'
});
// 创建 一个 Vue 实例,得到 ViewModel
```

```
var vm = new Vue({
    el: '#app',
    data: {
        flag: true
    },
    components: {},// 定义实例内部私有组件
    methods: {}
});
```

已经实现了组件切换功能，但是操作起来很僵硬，而且实现方式看起来并不友好，我们来改造一下它。

使用:is 属性来切换不同的子组件，并添加切换动画。

Vue 提供了 component 来展示对应名称的组件，component 是一个占位符，:is 属性可以用来指定要展示的组件的名称。

（1）组件实例定义方式：

```
data: {
    comName: 'login' // 当前 component 中的 :is 绑定的组件的名称
},
```

（2）使用 component 标签来引用组件，并通过:is 属性来指定要加载的组件：

```
<div id="app">
    <a href="" @click.prevent="comName='login'">登录</a>
    <a href="" @click.prevent="comName='register'">注册</a>
    <!--component 是一个占位符，:is 属性可以用来指定要展示的组件的名称-->
    <transition mode="out-in">
        <component :is="comName"></component>
    </transition>
</div>
```

（3）添加切换样式：

```
<style>
    .v-enter,
    .v-leave-to {
        opacity: 0;
        transform: translateX(30px);
    }

    .v-enter-active,
    .v-leave-active {
        position: absolute;
        transition: all 0.5s ease;
    }
</style>
```

4.2 组件传值

组件之间传值,最常见的为父传子、子传父,如图 4-4 所示描述的是 Vue 进行父子组件传值的方式。

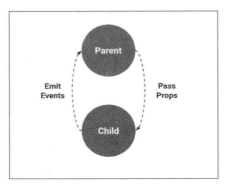

图 4-4

4.2.1 父组件向子组件传值

组件实例定义方式如下所示:

```
// 创建 Vue 实例,得到 ViewModel
var vm = new Vue({
    el: '#app',
    data: {
        name: '郭靖'
    },
    components: {
        son: {
            template: '<h3>郭襄的父亲是:{{parentname}}</h3>',
            props: ['parentname']
        }
    }
});
```

使用 v-bind 或简化指令,将数据传递到子组件中:

```
<div id="app">
    <son :parentname="name"></son>
</div>
```

代码说明:一定要使用 props 属性来定义父组件传递过来的数据。在子组件中,默认无法访问到父组件中的 data 上的数据和 methods 中的方法。

子组件中的 data 数据,并不是通过父组件传递过来的,而是子组件自身私有的,比如:

子组件通过 Ajax 请求回来的数据，都可以放到 data 上，data 上的数据都是可读可写的。

组件中的所有 props 中的数据，都是通过父组件传递给子组件的，props 中的数据都是只读的，无法重新赋值。把父组件传递过来的 parentname 属性，先在 props 数组中定义一下，这样才能使用这个数据。

运行结果如图 4-5 所示。

图 4-5

4.2.2 子组件向父组件传值

原理：父组件将方法的引用，传递到子组件内部，子组件在内部调用父组件传递过来的方法，同时把要发送给父组件的数据，在调用方法的时候当作参数传递进去。

父组件将方法的引用传递给子组件使用的是事件绑定机制：v-on，其中，show 是父组件中 methods 中定义的方法名称，func 是子组件调用传递过来方法时候的方法名称。

```
<div id="app">
   <son @func="show"></son>
   <div class="parent">
   {{name}}<span v-if='dataFormSon.name'>有一个儿子叫{{dataFormSon.name}},
   今年{{dataFormSon.age}}岁了</span>
   </div>
</div>
```

子组件内部通过 this.$emit('方法名', 要传递的数据) 方式，来调用父组件中的方法，同时把数据传递给父组件使用。

```
<div id="app">
   <son @func="show"></son>
   <div class="parent">
   {{name}}<span v-if='dataFormSon.name'>有一个儿子叫{{dataFormSon.name}},
   今年{{dataFormSon.age}}岁了</span>
   </div>
</div>
<template id="tmpl">
   <div class="son">
     <h3>子组件</h3>
     <input type="button" value="找父亲" @click="myclick">
   </div>
  </template>
<body>
```

```
<script src="./js/vue.js"></script>
<script>
    // 创建 Vue 实例，得到 ViewModel
    var vm = new Vue({
        el: '#app',
        data: {
            name: '郭靖',
            dataFormSon: {}
        },
        methods: {
            show(data) {
                this.dataFormSon = data
            }
        },
        components: {
            son: {
                template: '#tmpl', //通过指定了一个 Id，表示要去加载这个指定 Id 的
                template 元素中的内容当作组件的 HTML 结构
                data() {
                    return {
                        sonmsg: { name: '郭破虏', age: 6 }
                    }
                },
                methods: {
                    myclick() {
                        // 当点击子组件的按钮的时候，通过$emit 拿到父组件传递过来的 func
                        方法，并调用这个方法
                        // emit 英文原意：是触发，调用、发射的意思
                        this.$emit('func', this.sonmsg)
                    }
                }
            }
        }
    });
</script>
```

运行结果如图 4-6 所示。

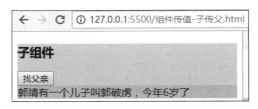

图 4-6

> **说 明**
>
> 组件之间的通信，除了通过 props 父传子以及$emit 子传父之外，还可以通过使用 Vuex（后面会讲到）、EventBus（事件总线）、localStorage 等。

4.3 组件案例：留言板

本节通过一个留言板案例来对组件的操作做一个总结。

首先分析留言本的业务逻辑。

评论数据存到哪里？由于此处还没有涉及数据库的操作，这里为了方便演示，我们存放到了 localStorage 中。

当页面加载的时候，从 localStorage 中读取数据，由于 localStorage 只支持存放字符串数据，所以要先通过 JSON.parse 方法来讲字符串解析为对象。如果读到的字符串为空，解析会报错，所以在为空的情况下，我们可以返回一个 '[]' 让 JSON.parse 去转换。

接下来我们发表评论，把留言对象保存到 localStorage 中，创建出一个最新的留言数据对象。调用 JSON.stringify 将对象转为字符串然后进行存储，在保存最新的评论数据之前，要先从 localStorage 获取到之前的评论数据（string），转换为一个数组对象，然后把最新的留言 unshift 到这个数组。

界面代码如下：

```
<div id="app">
    <message-board @func="loadMessages"></message-board>
    <ul class="list-group">
        <li class="list-group-item" v-for="item in list" :key="item.createOn">
            <span class="badge">留言人： {{ item.username }}</span>
            {{ item.content }} 留言时间: {{item.createOn|dataFormat}}
        </li>
    </ul>
</div>
<template id="tmpl">
    <div class="panel panel-primary">
        <div class="panel-body form-inline">
            <div class="form-group">
                <label>留言人：</label>
                <input type="text" class="form-control" v-model="username">
            </div>
            <div class="form-group">
                <label>留言内容：</label>
                <textarea class="form-control" v-model="content">
                </textarea>
```

```html
                </div>
                <div class="form-group">
                    <input type="button" value="发表留言" class="btn btn-primary"
                        @click="postMessage">
                </div>
            </div>
        </div>
</template>
<script src="./js/vue.js"></script>
<script>
    Vue.filter('dataFormat',// 全局时间格式化过滤器
    function (input) {
            // 获取时分秒
            var hh = dt.getHours().toString().padStart(2, '0');
            var mm = dt.getMinutes().toString().padStart(2, '0');
            var ss = dt.getSeconds().toString().padStart(2, '0');
            return `${y}-${m}-${d} ${hh}:${mm}:${ss}`;
        }
    });
    var messageBoard = {
        data() {
            return {
                username: '',
                content: '',
                createOn:''
            }
        },
        template: '#tmpl',
        methods: {
            postMessage() { // 发表留言的方法
                //构造一个留言对象
                var comment = { createOn: Date.now(), username: this.username,
                content: this.content };
                // 从 localStorage 中获取所有的留言
                var list = JSON.parse(localStorage.getItem('message') || '[]')
                list.unshift(comment);//新发布的留言排在最前面
                // 重新保存最新的评论数据
                localStorage.setItem('message', JSON.stringify(list))
                this.username = this.content = ''; //留言组件数据清零
                this.$emit('func')
            }
        }
    }
    // 创建 Vue 实例,得到 ViewModel
    var vm = new Vue({
        el: '#app',
        data: {
```

```
            list: [
                { createOn: Date.now()+1000, username: '白小楼',
                  content: '小楼一夜听春雨' },
                { createOn: Date.now()+2000, username: '楚留香',
                  content: '我踏月色而来' },
                { createOn: Date.now()+3000, username: '李寻欢',
                  content: '我的飞刀例无虚发' }
            ]
        },
        created() { //最早能调用 methods 的钩子函数
            this.loadMessages();
        },
        methods: {
            loadMessages() { // 从本地的 localStorage 中，加载到评论列表
                var list = JSON.parse(localStorage.getItem('message') || '[]')
                if(list&&list.length>0){
                    this.list = this.list.concat(list)
                }
            }
        },
        components: {
            'message-board': messageBoard
        }
    });
</script>
```

运行界面如图 4-7 所示。

图 4-7

4.4 使用 ref 获取 DOM 元素和组件引用

Vue 属于 MVVM 框架，也就是数据驱动框架，所以通常是以数据驱动的形式去开发，它就是为了避免 DOM 操作，解放程序员双手的。但是，有一些时候，我们不可避免地会进行 DOM 操作，那么 Vue 中也提供了 ref 属性来直接获取我们的 DOM 元素。

ref 是英文单词 reference 值类型和引用类型 referenceError 的简写。

```html
<div id="app">
    <input type="button" value="谁是当今武林第一美人" @click="getResult">
    <h3 id="xxy" ref="xxy">三少爷谢晓峰的女儿谢小玉</h3>
    <hr>
    <belle ref="mybelle"></belle>
</div>
<script src="./js/vue.js"></script>
<script>
    var belle = {
      template: '<h3>武林第一美人</h3>',
      data() {
        return {
          name: '孔雀妃子梅吟雪',
          subname:'李媚娘',
        }
      },
      methods: {
        show() {
          console.log(this.subname)
        }
      }
    }
    // 创建 Vue 实例，得到 ViewModel
    var vm = new Vue({
      el: '#app',
      data: {},
      methods: {
        getResult() {
          console.log(document.getElementById('xxy').innerText)
          console.log(this.$refs.xxy.innerText)
          console.log(this.$refs.mybelle.name)
          this.$refs.mybelle.show()
        }
      },
      components: {
```

```
        belle
      }
    });
</script>
```

运行结果如图 4-8 所示。

图 4-8

4.5 Vuex

Vuex 是什么？Vuex 是一个专为 Vue.js 应用程序开发的状态管理模式。它采用集中式存储管理应用的所有组件的状态，并以相应的规则保证状态以一种可预测的方式发生变化。Vuex 也集成到 Vue 的官方调试工具 devtools extension，提供了诸如零配置的 time-travel 调试、状态快照导入导出等高级调试功能。

在 Vuex 中，有默认的 5 种基本对象：

- state: 存储状态（变量、数据）。
- getters: 对数据获取之前的再次编译，可以理解为 state 的计算属性。我们在组件中使用 $sotre.getters.fun()。
- mutations: 修改状态，并且是同步的。在组件中使用$store.commit(",params)。这个和我们组件中的自定义事件类似。
- actions: 异步操作。在组件中使用是$store.dispath(")。
- modules: store 的子模块，为了开发大型项目，方便状态管理而使用的。

Vuex 是 Vue 配套的公共数据管理工具，它可以把一些共享的数据保存到 Vuex 中，方便整个程序中的任何组件直接获取或修改我们的公共数据。Vuex 中的数据是响应式的，也就是说 Vuex 中的数据只要一变化，引用了 Vuex 中数据的组件都会自动更新。

Vuex 是为了保存组件之间共享数据而诞生的。如果组件之间有要共享的数据，可以直接挂载到 Vuex 中，而不必通过父子组件之间传值了；如果组件的数据不需要共享，此时，这些不需要共享的私有数据，没有必要放到 Vuex 中，只要放到组件的 data 中即可。放到 Vuex 中的数据所有组件可以共享,这也是会降低性能的,而且操作起来烦琐。

如果你不打算开发大型单页应用,使用 Vuex 可能是烦琐冗余的。确实是如此——如果你的应用够简单,最好不要使用 Vuex。

注　意
存在 Vuex 中的数据,界面一刷新就会丢失。

4.5.1 安装 Vuex

Vuex 的安装通常有如下三种安装方式:

(1)方式一:CDN 引用。

```
https://unpkg.com/vuex
```

(2)方式二:直接下载。

在 Vue 之后引入 Vuex 会进行自动安装:

```
<script src="/path/to/vuex.js"></script>
```

(3)方式三:NPM。

```
npm install vuex --save-dev
```

4.5.2 配置 Vuex 的步骤

步骤01 引入 Vuex(注意,要在 Vue 引用之后引入 Vuex)。

```
<script src="https://unpkg.com/vuex"></script>
```

如果是在一个模块化的打包系统中,就必须显式地通过 Vue.use() 来安装 Vuex:

```
import Vuex from 'vuex'
Vue.use(Vuex)
```

步骤02 new Vuex.Store()实例,得到一个数据仓储对象。

```
var store = new Vuex.Store({
    state: {
        count: 0
    },
    mutations: {
        //自增
        increment(state) {
            state.count++
        },
        //自减
        subtract(state, obj) {
```

```
            state.count -= (obj.c + obj.d)
        }
    },
    getters: {
        optCount: function (state) {
            return '当前最新的 count 值是: ' + state.count
        }
    }
})
```

分析：我们可以把 state 想象成组件中的 data，专门用来存储数据的，这些数据是响应式的。如果在组件中，想要访问 store 中的数据，只能通过 this.$store.state.数据属性来访问。

如果要操作 store 中的 state 值，只能通过调用 mutations 提供的方法，才能操作对应的数据。不推荐直接操作 state 中的数据，万一导致了数据的紊乱，就不能快速定位到错误的原因，因为每个组件都可能有操作数据的方法。

如果组件想要调用 mutations 中的方法，只能使用 this.$store.commit('方法名')。

这种调用 mutations 方法的方式和 this.$emit('父组件中方法名')类似。

代码中的 getters 只负责对外提供数据，不负责修改数据。如果想要修改 state 中的数据，请去找 mutations 中的方法进行调用。

getters 中的方法和组件中的过滤器比较类似，因为过滤器和 getters 都没有修改原数据，都是把原数据做了一层包装，提供给了调用者；其次，getters 也和 computed 比较像，只要 state 中的数据发生变化了，这种情况下，如果 getters 正好也引用了这个数据，那么就会立即触发 getters 的重新求值。

步骤 03 将 Vuex 创建的 store 挂载到 VM 实例上，只要挂载到了 VM 上，任何组件都能使用 store 来存取数据。

```
// 创建一个 Vue 实例，得到 ViewModel
var vm = new Vue({
    el: '#app',
    store, //将 Vuex 创建的 store 挂载到 VM 实例上
    data: {},
    methods: {}
});
```

步骤 04 为了演示多个组件公用数据，这里再创建两个组件。

HTML 代码结构：

```
<template id="amount">
    <div style='background-color: lightblue;'>
        <!-- <h3>{{ $store.state.count }}</h3> -->
        <h3>{{ $store.getters.optCount }}</h3>
    </div>
```

```
</template>
<template id='counter'>
    <div style="background-color: lightcoral;">
        <input type="button" value="减少" @click="remove">
        <input type="button" value="增加" @click="add">
        <br>
        <input type="text" v-model="$store.state.count">
    </div>
</template>
```

组件注册：

```
Vue.component('amount', {
    template: '#amount'
});
Vue.component('counter', {
    template: '#counter',
    data() {
        return {};
    },
    methods: {
        add() {
            // 千万不要这么使用，违背了Vuex的设计理念
            // this.$store.state.count++;
            store.commit("increment");
        },
        remove() {
            store.commit("subtract", { val: 1 });
        }
    }
});
```

组件调用：

```
<div id="app">
    <amount></amount>
    <counter></counter>
</div>
```

最终运行效果如图 4-9 所示。

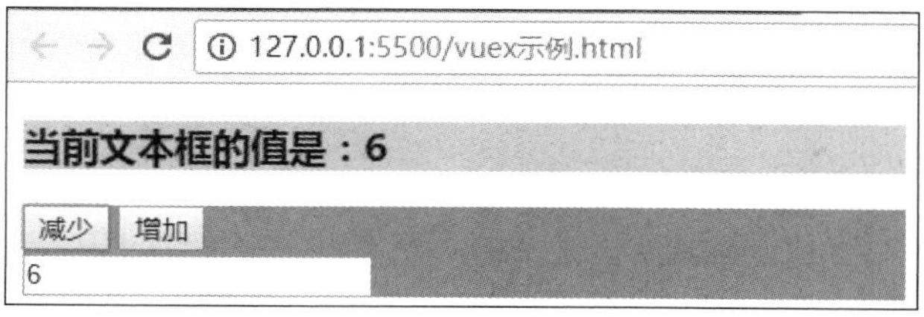

图 4-9

4.6 render 函数

render 函数跟 template 一样都是创建 HTML 模板的，虽然 Vue 推荐用 template 来创建你的 HTML，但是在某些时候你也会用到 render 函数：诸如有些场景中用 template 实现起来代码冗长烦琐而且有大量重复时。

render 函数即渲染函数，它是个函数，它的参数也是个函数——即 createElement，createElement 函数的调用结果，也就是模版内的顶层元素。

createElement 函数有三个形参，一个返回值。

```
createElement(tag,data,children)
```

返回值：vNode（虚拟节点）。

createElement 函数三个形参说明如表 4-1 所示。

表 4-1 参数说明

参数名称（形参可以随意命名）	参数类型	参数说明
tag（必填）	String/Object/Function	一个 HTML 标签、组件类型或一个函数
data（可选）	Object	一个对应属性的数据对象，用于向创建的节点对象设置属性值
childre（可选）	String/Array	子节点

我们通过一个具体的示例来说明它的用法，新建页面"render 函数.html"，添加如下代码：

```
<div id="app">
        你看不见我
</div>
<script src="./js/vue.js"></script>
<script>
        var login = {
            template: '<h3>登录</h3>' // 通过 template 属性，指定了组件要展示的 HTML 结构
        };
        // 创建 Vue 实例，得到 ViewModel
        var vm = new Vue({
            el: '#app',
            data: {},
            methods: {},
```

```
            // createElements 是一个方法，调用它能够把指定的组件模板渲染为 html 结构
            render: function (createElements) {
                return createElements(login)
                // 注意：这里 return 的结果会直接替换页面中 el 指定的那个容器
            }
        });
</script>
```

注　意
createElements 这个参数名称可以随意命名。

界面运行结果如图 4-10 所示。

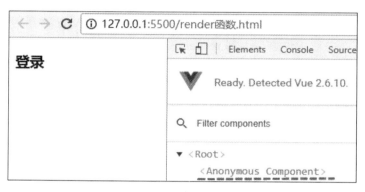

图 4-10

最终只显示了 login 组件的内容，而文字"你看不见我"直接被覆盖了，所以一个 Vue 示例当中只能有一个 render 函数出现。

我们再来看一个例子"render 函数 2.html"，代码如下：

```
<style>
.ul-nav li{
    list-style: none;
    float: left;
    width:100px;
    text-align: center;
    background-color:lawngreen;
    margin: 0px 1px;
}
</style>
<div id="app">
    你看不见我
</div>
<script src="./js/vue.js"></script>
<script>
    // 创建 Vue 实例，得到 ViewModel
```

```
        var vm = new Vue({
            el: '#app',
            data: {},
            methods: {},
            render(createElement) {
                const menu_items = ["少林", "武当", "华山", "昆仑"]
                return createElement('ul',
                 {class: { 'ul-nav': true }},
             menu_items.map(item => createElement('li', item))
                )
            }
        });
</script>
```

界面运行结果如图 4-11 所示。

图 4-11

第 5 章 路由 vue-router

vue-Router 是 Vue.js 官方的路由管理器。它和 Vue.js 的核心深度集成，使构建单页面应用变得易如反掌。

5.1 什么是路由

如果我们了解 MVC 框架，就知道路由属于 Control 中的一部分，而 MVC 框架就是通过 URL 地址来对应到不同路由的，这通常是我们所指的后端路由。

1. 后端路由

对于普通的网站，所有的超链接都是 URL 地址，所有的 URL 地址都对应服务器上对应的资源。

2. 前端路由

对于单页面应用程序来说，主要通过 URL 中的 hash(#号)来实现不同页面之间的切换，同时，hash 有一个特点：HTTP 请求中不会包含 hash 相关的内容；所以，单页面程序中的页面跳转主要用 hash 实现；URL 的改变不会发送新的页面请求，它只在一个页面中跳来跳去，就跟超级链接中的锚点一样。在单页面应用程序中，这种通过 hash 改变来切换页面的方式，称作前端路由（区别于后端路由）。

5.2 安装 vue-router 的两种方式

1. 直接下载 / CDN

```
https://unpkg.com/vue-router/dist/vue-router.js
```

unpkg.com 提供了基于 NPM 的 CDN 链接。上面的链接会一直指向在 NPM 发布的最新版本。你也可以像 https://unpkg.com/vue-router@2.0.0/dist/vue-router.js 这样指定版本号或者 Tag。

在 Vue 后面加载 vue-router，它会自动安装的：

```
<script src="/path/to/vue.js"></script>
<script src="/path/to/vue-router.js"></script>
```

2. 使用 NPM

```
npm install vue-router
```

如果在一个模块化工程中使用它，必须要通过 Vue.use() 明确地安装路由功能：

```
import Vue from 'vue'
import VueRouter from 'vue-router'
Vue.use(VueRouter)
```

说　　明
若使用全局的 script 标签，则无须如此（手动安装）。

5.3　vue-router 的基本使用

1. 导入 vue-router 组件类库

```
<script src="./js/vue.js"></script>
<!-- 1. 导入 vue-router 组件类库 -->
<script src="./js/vue-router.js"></script>
```

2. 使用 router-link 组件来导航

如果我们不使用 router-link，直接使用 a 标签然后通过设置 href 属性也是可以的，当然并不推荐这样做，如下所示。

```
<a href="#/login">登录</a>
<a href="#/register">注册</a>
```

更为推荐的做法是使用 router-link：

```
<router-link to="/login">登录</router-link>
<router-link to="/register">注册</router-link>
```

3. 使用 router-view 组件来显示匹配到的组件

```
<!-- 3. 使用 router-view 组件来显示匹配到的组件 -->
<router-view></router-view>
```

4. 使用 Vue.extend 创建组件

```
// 4.1 使用 Vue.extend 来创建登录组件
var login = Vue.extend({
```

```
    template: '<h3>登录组件</h3>'
});
// 4.2 使用 Vue.extend 来创建注册组件
var register = Vue.extend({
    template: '<h3>注册组件</h3>'
});
```

5. 创建一个路由 router 实例，通过 routers 属性来定义路由匹配规则

当导入 vue-router 包之后，在 window 全局对象中，就有了一个路由的构造函数，叫作 VueRouter，在 new 路由对象的时候，可以为构造函数传递一个配置对象。

（1）routes：路由匹配规则。每个路由规则，都是一个对象，这个规则对象身上，有两个必须的属性：

- path：表示监听哪个路由链接地址。
- component：表示如果路由是前面匹配到的 path，则展示 component 属性对应的那个组件。

注 意
component 的属性值，必须是一个组件的模板对象，不能是组件的引用名称。

（2）redirect：路由重定向，它和 Node 中的 redirect 完全是两码事，它表示当我们浏览器访问根路径的时候自动跳转到指定的组件。

举例说明：假如配置了 { path: '/', redirect: '/login' }，当浏览器访问界面"vue-router 的基本使用.html"时，URL 地址自动变为："vue-router 的基本使用.html#/login"。

```
// 5. 创建一个路由 router 实例，通过 routers 属性来定义路由匹配规则
var router = new VueRouter({
    routes: [
            //页面一加载时，默认跳转到login组件
            { path: '/', redirect: '/login' },
            { path: '/login', component: login },
            { path: '/register', component: register }
    ]
});
```

6. 使用 router 属性来使用路由规则

```
// 6. 创建 Vue 实例，得到 ViewModel
new Vue({
    el: '#app',
    router: router // 使用 router 属性来使用路由规则
});
```

- **router:** 将路由规则对象注册到 VM 实例上，注册之后就可以监听 URL 地址的变化，然后展示对应的组件。
- **router-view:** 这是 vue-router 提供的元素，专门用来当作占位符的。路由规则匹配到的组件，就会展示到这个 router-view 中去，我们可以把 router-view 认为是一个占位符。
- **router-link**：它默认渲染为一个 a 标签，我们也可以通过 tag 属性来自定义标签。例如：

```
<router-link to="/login" tag="span">登录</router-link>
```

<router-link>组件支持用户在具有路由功能的应用中（点击）导航。通过 to 属性指定目标地址，默认渲染成带有正确链接的<a>标签，可以通过配置 tag 属性生成别的标签。另外，当目标路由成功激活时，链接元素自动设置一个表示激活的 CSS 类名。

<router-link>比起写死的<a href="...">会好一些，理由如下：

- 无论是 HTML 5 history 模式还是 hash 模式，它的表现行为一致，所以，当你要切换路由模式，或者在 IE9 降级使用 hash 模式，无须作任何变动。
- 在 HTML 5 history 模式下，router-link 会守卫点击事件，让浏览器不再重新加载页面。
- 当你在 HTML 5 history 模式下使用 base 选项之后，所有的 to 属性都不需要写（基路径）了。

运行界面如图 5-1 和图 5-2 所示。

图 5-1

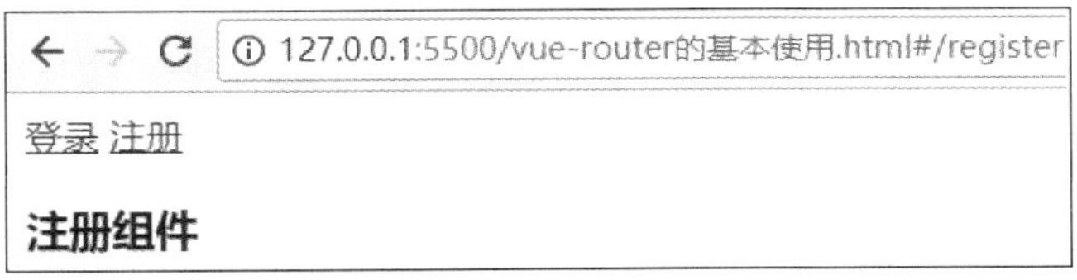

图 5-2

5.4 设置选中路由高亮

在 5.3 节的示例中，我们审查界面元素，可以看到被选中的 router-link 对象中多了一个 class：router-link-exact-active router-link-active，如图 5-3 所示。

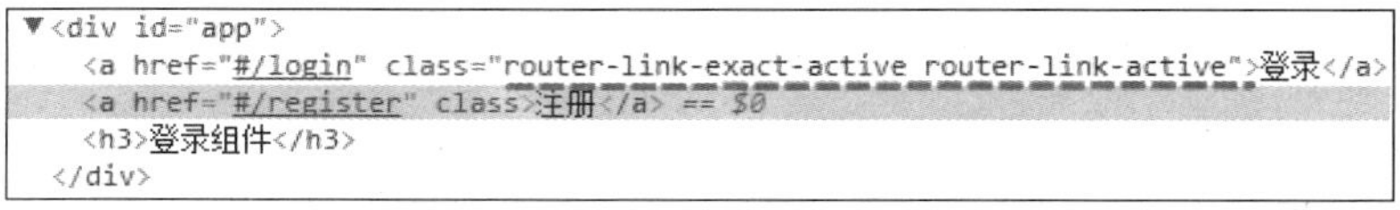

```
▼<div id="app">
    <a href="#/login" class="router-link-exact-active router-link-active">登录</a>
    <a href="#/register" class="注册</a> == $0
    <h3>登录组件</h3>
  </div>
```

图 5-3

我们可以直接设置这个样式来实现路由选中高亮。

```
<style>
.router-link-active{
    color: lightblue;
}
</style>
```

另一种实现方式是利用 router-link 中的 active-class 属性：

- 类型：string
- 默认值："router-link-active"

设置链接激活时使用的 CSS 类名。默认值可以通过路由的构造选项 linkActiveClass 来全局配置。

直接在路由的构造选项中进行全局配置：

```
var router = new VueRouter({
    routes: …
    linkActiveClass: 'active'
});
```

再设置 class 样式 active：

```
.active{
    color: orange;
}
```

此时，我们再来审查元素，会发现被激活的路由样式变了，如图 5-4 所示。

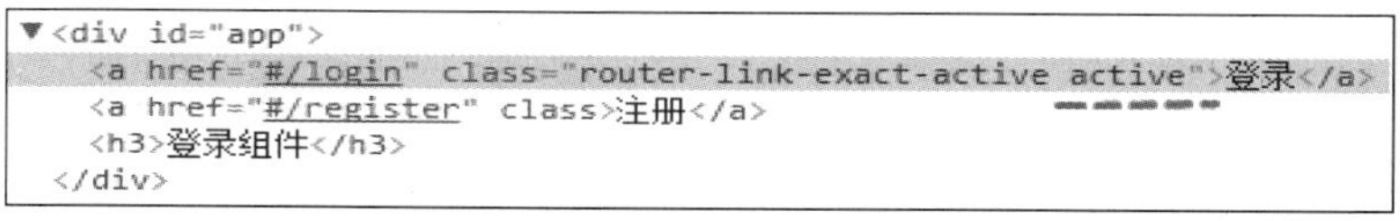

```
▼<div id="app">
    <a href="#/login" class="router-link-exact-active active">登录</a>
    <a href="#/register" class>注册</a>
    <h3>登录组件</h3>
  </div>
```

图 5-4

5.5 为路由切换启动动画

1. 使用 transition 包裹<router-view>对象

```
<transition mode="out-in">
```

```
    <router-view></router-view>
</transition>
```

2. 设置一组动画样式

```
.v-enter,
.v-leave-to {
   opacity: 0;
   transform: translateX(100px);
}

.v-enter-active,
.v-leave-active {
   transition: all 0.5s ease;
}
```

5.6 路由传参 query&params

路由传参，通常有 query 和 params 两种方式。不管是哪一种方式，传参都是通过修改 URL 地址来实现的，路由对 URL 参数进行解析即可获取相应的参数。

5.6.1 query

（1）使用查询字符串，给路由传递参数：

```
<router-link to="/login?name=yujie&pwd=123">登录</router-link>
```

（2）通过$route.query 来获取路由中的参数：

```
var login = Vue.extend({
   template: '<h3>登录组件---{{ $route.query.name }} ---
{{ $route.query.pwd }}</h3>'
});
```

运行界面如图 5-5 所示。

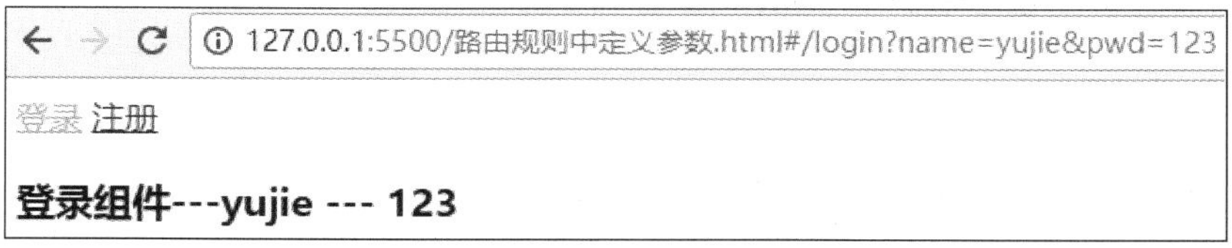

图 5-5

分析：我们在控制台把这个$route 对象打印出来：

```
created() {
```

```
        console.log(this.$route);
},
```

如图 5-6 所示，我们可以看到，路由自动把 URL 中的传递的参数名称和值，给我们解析到了 $route 对象的 query 属性对象中，在 matched 对象中自动给我们生成了一个正则表达式匹配规则。

```
▼ {name: undefined, meta: {...}, path: "/Login", hash: "", query: {...}, ...}
    fullPath: "/login?name=yujie&pwd=123"
    hash: ""
  ▼ matched: Array(1)
    ▶ 0: {path: "/login", regex: /^\/login(?:\/(?=$))?$/i, components: {...
      length: 1
    ▶ __proto__: Array(0)
  ▶ meta: {}
    name: undefined
  ▶ params: {}
    path: "/login"
  ▼ query:
      name: "yujie"
      pwd: "123"
```

图 5-6

5.6.2 params

（1）在路由规则中定义参数，修改路由规则的 path 属性，相当于定义路由解析模板。

```
{ path: '/login/:name/:pwd', component: login }
<router-link to="/login/yujie/123">登录</router-link>
```

（2）通过 this.$route.params 来获取路由中的参数：

```
var login = Vue.extend({
    template: '<h3>登录组件---{{ $route.params.name }} ---
        {{ $route.params.pwd }}</h3>'
});
```

运行效果如图 5-7 所示。

图 5-7

分析：控制台打印$route 对象，如图 5-8 所示。

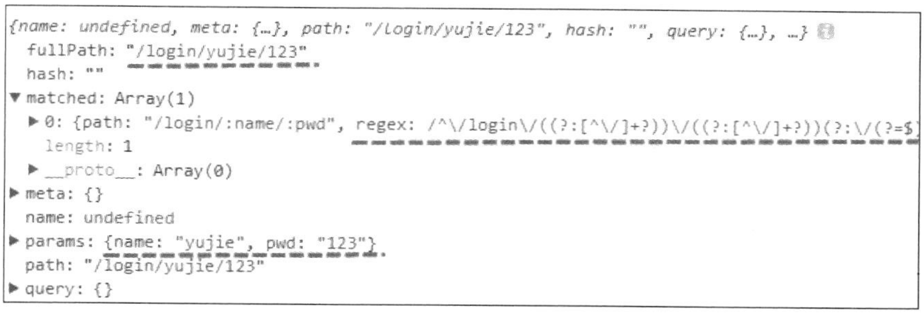

```
{name: undefined, meta: {…}, path: "/login/yujie/123", hash: "", query: {…}, …}
  fullPath: "/login/yujie/123"
  hash: ""
▼ matched: Array(1)
  ▶ 0: {path: "/login/:name/:pwd", regex: /^\/login\/((?:[^\/]+?))\/((?:[^\/]+?))(?:\/(?=$
    length: 1
  ▶ __proto__: Array(0)
▶ meta: {}
  name: undefined
▶ params: {name: "yujie", pwd: "123"}
  path: "/login/yujie/123"
▶ query: {}
```

图 5-8

此时，query 对象为{}，而 params 对象中获取到了请求参数对象。

5.7 使用 children 属性实现路由嵌套

在实际项目中，经常会遇到一些组件界面由多层嵌套的组件组合而成的场景。来看下面的示例。

HTML 代码结构：

```
<div id="app">
    <h3>xx 后台登录系统</h3>
    <router-link to="/login">用户登录</router-link>
    <router-link to="/register">注册用户</router-link>
    <transition mode="out-in">
        <router-view></router-view>
    </transition>
</div>
<template id="login">
    <div>
        <router-link to="/login/forgetPwd">忘记密码</router-link>
        <router-link to="/scanLogin">扫描登录</router-link>
        <transition mode="out-in">
            <router-view></router-view>
        </transition>
    </div>
</template>
```

代码中第一个<router-view> 是最顶层的出口，渲染最高级路由匹配到的组件。

创建 Vue 对象：

```
//register 组件
const register = Vue.extend({
    template: '<div>注册组件</div>'
```

```javascript
});
// 子路由中的 forgetPwd 组件
const forgetPwd = Vue.extend({
    template: '<div>忘记密码找回</div>'
});
// 子路由中的 scanLogin 组件
const scanLogin = Vue.extend({
    template: '<div>这里是扫码登录</div>'
});
// 创建 Vue 实例,得到 ViewModel
new Vue({
    el: '#app',
    created() {
        console.log(this.$route);
    },
    router: new VueRouter({
        routes: [
                    //页面一加载时,默认跳转到 login 组件
            { path: '/', redirect: '/login' },
            {
                path: '/login', component: { template: '#login' },
                children: [
                    { path: 'forgetPwd', component: forgetPwd },
                    { path: '/scanLogin', component: scanLogin }
                ],
            },
            { path: '/register', component: register }
        ],
        linkActiveClass: 'active'
    }) // 使用 router 属性来使用路由规则
});
```

分析：一个被渲染组件同样可以包含自己的嵌套 <router-view>。例如，在 login 组件的模板添加一个 <router-view>，想要在嵌套的出口中渲染组件，需要在 VueRouter 的参数中使用 children 配置。

注　意
子路由的 path 前面，不要带 /，否则永远以根路径开始请求，这样不方便我们用户去理解 URL 地址。（当分别点击"忘记密码"和"扫描登录"时，注意看 URL 地址栏的区别）

运行效果如图 5-9 所示。

图 5-9

总结：嵌套路由就相当于在子组件中创建局部更新容器，进行路由跳转时，可以进行局部更新，不会覆盖父组件中的内容。

5.8 使用命名视图

在前面的内容中，我们发现一个页面只放一个同级别的 <router-view>。如果我们想要在一个页面中放多个同级别的 <router-view>，而不是嵌套展示，我们就要用到命名视图。

例如创建一个布局，有 header 顶部导航，sidebar（侧导航）和 main（主内容）三个视图，这个时候命名视图就派上用场了。你可以在界面中拥有多个单独命名的视图，而不是只有一个单独的出口。如果 router-view 没有设置名字，那么默认为 default。我们通过一个"经典后台布局"示例来演示命名视图的应用场景。

（1）标签代码结构：

```html
<div id="app">
    <router-view></router-view>
    <div class="content">
        <router-view name="sidebar"></router-view>
        <router-view name="main"></router-view>
    </div>
</div>
```

（2）JS 代码，一个视图使用一个组件渲染，因此对于同个路由，多个视图就需要多个组件。确保正确使用 components 配置（带上 s）：

```js
var header = Vue.component('header', {
    template: '<div class="header">顶部导航</div>'
});
var sidebar = Vue.component('sidebar', {
    template: '<div class="sidebar">左侧菜单导航</div>'
});
var mainbox = Vue.component('mainbox', {
    template: '<div class="mainbox">主内容</div>'
```

```js
});
// 创建路由对象
var router = new VueRouter({
    routes: [
        {
            path: '/', components: {
                default: header,
                sidebar: sidebar,
                main: mainbox
            }
        }
    ]
});
// 创建 Vue 实例，得到 ViewModel
var vm = new Vue({
    el: '#app',
    data: {},
    methods: {},
    router
});
```

  (3) CSS 样式：

```css
body{
    margin: 0px;
    padding: 0px;
}
.header {
    width: 100%;
    height: 70px;
    line-height: 70px;
    background-color: lightyellow;
}
.content {
    width: 100%;
    position: absolute;
    top: 70px;
    height:calc(100% - 70px);
}
.sidebar {
    width: 180px;
    height: 100%;
    background-color: lightgray;
    float: left;
```

```css
}
.mainbox {
   width: calc(100% - 180px);
   height: 100%;
   background-color: lightgreen;
   float: left;
}
```

界面运行效果如图 5-10 所示。

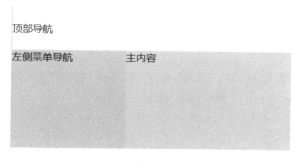

图 5-10

5.9 watch 监听

使用 watch 这个属性，可以监视 data 中指定数据的变化，然后触发这个 watch 中对应的 function 处理函数。我们来看一个例子：

```html
<div id="app">
    年龄尧：<input type="text" v-model="title">
    <div v-text="msg"></div>
</div>
<script src="./js/vue.js"></script>
<script>
    // 创建 Vue 实例，得到 ViewModel
    var vm = new Vue({
        el: '#app',
        data: {
            title: '江西总兵',
            msg: ''
        },
        methods: {},
        watch: {
            // 第一个参数是新数据，第二个参数是旧数据
            'title': function (newVal, oldVal) {
```

```
                this.msg = '年羹尧从' + oldVal + '变成了' + newVal;
            },
        }
    });
</script>
```

运行结果如图 5-11 和图 5-12 所示。

图 5-11   图 5-12

通过 watch 除了可以监听一些 DOM 元素外，还可以监听 DOM 之外的元素，比如路由对象。在页面"路由传参 2.html"中，我们添加如下代码：

```
watch: {
    '$route': function (newVal, oldVal) {
        console.log('之前的路由：',oldVal,'现在的路由：',newVal);
        if (newVal.path === '/register') {
            console.log('这是注册组件');
        }else{
            console.log('这是登录组件')
        }
    }
}
```

5.10 computed：计算属性的使用

在 computed 中，可以定义一些属性，这些属性叫作"计算属性"。计算属性的本质，就是一个方法，只不过我们在使用这些计算属性的时候，是把它们的名称直接当作属性来使用，并不会把计算属性当作方法去调用。

计算属性的特点：只要计算属性这个 function 内部所用到的任何 data 中的数据发生了变化，就会立即重新计算这个计算属性的值。

注　意
计算属性在引用时，一定不要加 () 去调用，应该直接把它当作普通属性去调用即可。计算属性的求值结果，会被缓存起来，方便下次直接使用；如果计算属性方法中，所用到的任何数据，都没有发生过变化，就不会重新对计算属性求值。

1. 只有 getter 的计算属性

```
<div id="app">
    商品数量：<input type="text" v-model="num">
    商品价格：<input type="text" v-model="price">
    <span>商品总价：{{total}}</span>
</div>
<script src="./js/vue.js"></script>
<script>
    // 创建 Vue 实例，得到 ViewModel
    var vm = new Vue({
        el: '#app',
        data: {
            num: 1,
            price: 20,
        },
        methods: {},
        computed: {
            total() {
                return this.num*this.price;
            }
        }
    });
</script>
```

商品数量或者商品价格只要有一个属性值有变化，商品总价属性就会自动更新。

运行结果如图 5-13 所示。

图 5-13

2. 定义有 getter 和 setter 的计算属性

```
<div id="app">
    <input type="text" v-model="title">
    <input type="text" v-model="name">
    <!-- 点击按钮重新为 计算属性 fullName 赋值 -->
    <input type="button" value="修改计算属性" @click="changeName">
</div>
<script src="./js/vue.js"></script>
<script>
    // 创建 Vue 实例，得到 ViewModel
    var vm = new Vue({
        el: '#app',
        data: {
```

```
            title: '好色莫过美人剑',
            name: '富贵王侯黄金殿',
        },
        methods: {
            changeName() {
                this.fullName = '闪电不及方可贵 - 燕子无双名满天';
            }
        },
        computed: {
            fullName: {
                get: function () {
                    return this.title + ' - ' + this.name;
                },
                set: function (newVal) {
                    var parts = newVal.split(' - ');
                    this.title = parts[0];
                    this.name = parts[1];
                }
            }
        }
    });
</script>
```

运行结果如图 5-14 所示。

图 5-14

点击修改按钮后，如图 5-15 所示。

图 5-15

5.11 watch、computed、methods 的对比

- **computed**：computed 形式上是 function() 函数，主要当作属性来使用；computed 监听 data 里的数据变化，会根据 data 数据变化而自动重新计算；computed 中属性的结果会被缓存，除非依赖的响应式属性变化才会重新计算。Computed 最后一定要有个返回值，而且不带参数。
- **methods**：方法表示一个具体的操作，主要书写业务逻辑；methods 的返回值和参数都是可有可无的。Methods 无法监听 data 数据，并且 methods 里面的方法是每次刷新都会去执行的。
- **watch**：监听一个对象，键是需要观察的表达式，值是对应回调函数。主要用来监听某些特定数据的变化，从而进行某些具体的业务逻辑操作；可以看作是 computed 和 methods 的结合体。

总结：如果一个值依赖多个属性（多对一），用 computed 肯定是更加方便的。如果一个值变化后会引起一系列操作，或者一个值变化会引起一系列值的变化（一对多），用 watch 更加方便一些。watch 的回调里面会传入监听属性的新旧值，通过这两个值可以做一些特定的操作；computed 通常就是简单的计算。

5.12 nrm 的安装及使用

我们平时下载包是通过 npm 从 https://registry.npmjs.org 上下载，由于这是国外的网址，所以下载速度可能会比较慢，为了让我们安装包的速度更快，我们可以通过使用 nrm 这样一个工具来切换国内的 NPM 服务器。

nrm 的作用：提供了一些最常用的 NPM 包镜像地址，能够让我们快速地切换安装包的服务器地址。

使用镜像安装

什么是镜像？原来包刚一开始是只存在于国外的 NPM 服务器，但是由于网络原因，经常访问不到，此时我们可以在国内，创建一个和官网完全一样的 NPM 服务器，只不过数据都是从人家那里克隆过来的，除此之外使用方式完全一样。使用步骤如下：

步骤01 运行 npm i nrm –g 全局安装 nrm 包。

步骤02 使用 nrm ls 查看当前所有可用的镜像源地址，以及当前所使用的镜像源地址，如图 5-16 所示。

```
PS D:\WorkSpace\vue_book\codes\chapter6> nrm ls

  npm ---- https://registry.npmjs.org/
  cnpm --- http://r.cnpmjs.org/
* taobao - https://registry.npm.taobao.org/
  nj ----- https://registry.nodejitsu.com/
  npmMirror https://skimdb.npmjs.com/registry/
  edunpm - http://registry.enpmjs.org/
```

图 5-16

可以看到 nrm 给我们提供了一系列的包下载地址，在"taobao"前面我们看到有一个星号，表示此时使用的是 taobao 的镜像，如果此时通过 npm 命令去下载包，其实就是从 taobao 这个镜像所对应的地址 https://registry.npm.taobao.org/ 中下载包。

步骤03 使用 nrm use npm 或 nrm use taobao 可以切换不同的镜像源地址。

> **注意**
>
> nrm 只是单纯地提供了几个常用的下载包的 URL 地址，并能够让我们在这几个地址之间很方便地进行切换，但是我们每次装包的时候，使用的安装包工具都是 npm。

> **说明**
>
> 工作中，平时用的最多的是 taobao 镜像。

5.13 vue-router 中编程式导航

在网页中，有两种界面跳转方式：

- 使用 a 标签的形式叫作标签跳转。
- 使用 window.location.href 或者 this.$router.push({})的形式，叫作编程式导航。

在前面的示例中，我们都是通过使用 `<router-link>` 创建 a 标签来定义导航链接。我们还可以借助 router 的实例方法，通过编写代码来实现。

```
// 字符串
router.push('/home')
// 对象
router.push({ path: '/home' })
// 命名的路由
router.push({ name: 'book', params: { bookId: 1 }})
// 带查询参数，变成 /book?id=1
router.push({ path: 'book', query: { id: 1 }})
```

> **注意**
>
> 如果提供了 path，那么 params 会被忽略，上述例子中的 query 并不属于这种情况。取而代之的是下面示例的做法，你需要提供路由的 name 或手写完整的带有参数的 path。

```
const bookId = 1;
router.push({ name: 'book', params: { bookId }}) // -> /book/1
router.push({ path: `/book/${bookId}` }) // -> /book/1
// 这里的 params 不生效
router.push({ path: '/book', params: { bookId }}) // -> /book
```

第 6 章 webpack 介绍

6.1 webpack 概念的引入

在网页中会引用哪些常见的静态资源？

- JS：.js、.jsx、.coffee、.ts（TypeScript 类 C# 语言）。
- CSS：.css、.less、.sass、.scss。
- Images：.jpg、.png、.gif、.bmp、.svg。
- 字体文件（Fonts）：.svg、.ttf、.eot、.woff、.woff2。
- 模板文件：.ejs、.jade、.vue（这是在 webpack 中定义组件的方式，推荐这么用）。

> **说　明**
>
> SCSS 是 Sass 3 引入新的语法，其语法完全兼容 CSS3，并且继承了 Sass 的强大功能。也就是说，任何标准的 CSS3 样式表都是具有相同语义的有效的 SCSS 文件。另外，SCSS 还能识别大部分 CSS hacks（一些 CSS 小技巧）和特定于浏览器的语法。

网页中引入的静态资源多了以后有什么问题？

- 网页加载速度慢，因为我们要发起很多的二次请求。
- 要处理错综复杂的依赖关系。

如何解决上述两个问题？

- 合并、压缩、精灵图（雪碧图）、图片的 Base64 编码。
- 处理依赖关系可以使用 requireJS，也可以使用 webpack 解决各个包之间的复杂依赖关系。

对应的技术方案：

- 使用 Gulp 进行压缩合并，它是基于 task 任务的。
- 使用 Webpack，它是基于整个项目进行构建的。

> **注　意**
>
> 并不是所有的图片都适合采用 Base64 编码，通常只有一些小图片适合这样做。

如果我们的项目比较大的情况下，使用 Gulp 会创建许多的 task 任务，比较麻烦。所以它通常适合一些小的模块构建。

什么是精灵图？css 精灵（CSS sprites）是一种网页图片应用处理技术。主要是指将网页中需要的零星的小图片集成到一个大的图片中。

什么是 webpack? webpack 是前端的一个项目构建工具，它是基于 Node.js 开发出来的一个前端工具。借助于 webpack 这个前端自动化构建工具，可以完美实现资源的合并、打包、压缩、混淆等诸多功能。

webpack 官网地址为 http://webpack.github.io/。

6.2 webpack：最基本的使用方式

webpack 安装的两种方式：

- 运行 npm i webpack –g 全局安装 webpack，这样就能在全局使用 webpack 的命令。
- 在项目根目录中运行 npm i webpack --save-dev 安装到项目依赖中。

接下来，我们通过一个隔行变色的示例来演示 webpack 的基本使用。首先安装 webpack，然后新建一个项目，目录如图 6-1 所示。

图 6-1

我们经常从网上下载一些第三方的安装包的时候，也经常会看到 dist 目录和 src 目录。dist 目录是编译后的文件目录，src 是源码目录。main.js 是项目的核心文件，全局的配置都在这个文件里面配置，index.html 是首页入口文件。

1. **安装 webpack**：npm i webpack-g

查看 webpack 版本：

```
C:\Users\zouqi>webpack -v
4.30.0
```

2. **安装 jQuery**

```
npm i jquery -S
```

index.html 代码如下：

```html
<div id="app">
    <ul>
        <li>冯锡范----一剑无血</li>
        <li>陈近南---平生不见陈近南，便称英雄也枉然</li>
        <li>胡逸之---百胜刀王</li>
        <li>九难师太---独臂神尼</li>
    </ul>
</div>
<script src="./main.js"></script>
```

main.js 代码如下：

```js
import $ from 'jquery'

$(function () {
   $('li:odd').css('backgroundColor', 'lightblue')
   $('li:even').css('backgroundColor', 'lightgreen')
})
```

> **注　意**
>
> 如果要通过路径的形式，去引入 node_modules 中相关的文件，可以直接省略路径前面的 node_modules 这一层目录，直接写包的名称，然后后面跟上具体的文件路径。

例如：import $ from 'jquery' 等价于：

```js
import $ from '/node_modules/jquery/dist/jquery.js'
```

此时，在浏览器中运行 index.html，我们看一下效果（见图 6-2）。

图 6-2

我们会发现隔行变色无效，并且控制台报错了。这是因为 import xx from xx 是 ES6 中导入模块的方式，而 ES6 的代码太高级了，浏览器解析不了，所以这一行执行会报错。如果想要浏览器能够解析 ES6 的代码，我们可以将其通过 webpack 编译为浏览器可以解析的正常 JS 语法。

3. 运行 webpack 打包

```
webpack ./src/main.js --output-filename ./bundle.js --mode development
```

解析：通过 webpack 这么一个前端构建工具，把 main.js 进行一下处理，生成了一个 bundle.js 的文件。

运行结果如下所示：

```
PS D:\WorkSpace\vue_book\codes\chapter6\webpack-learn>
webpack ./src/main.js --output-filename ./bundle.js --mode development
Hash: 57bb64f9c2f92092305b
Version: webpack 4.30.0
Time: 381ms
Built at: 2019-05-08 20:30:17
      Asset    Size  Chunks           Chunk Names
./bundle.js  314 KiB    main  [emitted]  main
Entrypoint main = ./bundle.js
[./src/main.js] 138 bytes {main} [built]
    + 1 hidden module
```

命令格式：webpack 要打包的文件的路径→打包好的输出文件的路径→打包模式（webpack4 新增）。

4. 修改 index.html 中的 js 引用

```
<!-- <script src="./main.js"></script> -->
<script src="../dist/bundle.js"></script>
```

运行结果如图 6-3 所示。

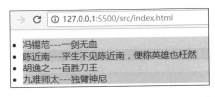

图 6-3

我们发现，在 index.html 中，只需要引入打包后的 bundle.js 这个文件，如果不采用 webpack 打包，我们直接在 index.html 页面中引入文件，至少要引入两个，一个是 jquery.js，一个是 main.js，而且这两个文件可能还要单独去进行代码压缩。

注 意

不推荐直接在 index.html 里引用任何包和任何 CSS 文件，而应该在 main.js 中通过 import 引用。

每次修改了 main.js 中的代码，都需要重新运行 webpack 命令进行打包，代码才会生效。因为 index.html 中最终引用的是 bundle.js 文件。

经过上面的示例，我们知道了 webpack 可以做什么事情：

（1） webpack 能够处理 JS 文件的互相依赖关系。

（2） webpack 能够处理 JS 的兼容问题，把高级的、浏览器不识别的语法，转为低级的、浏览器能正常识别的语法。

6.3 webpack 最基本的配置文件的使用

在前面的示例中，我们发现每次都要运行"webpack 要打包的文件的路径→打包好的输出文件的路径→打包模式"，这样执行起来非常烦琐。我们可以通过配置文件来让操作变得更加简单。

如果不做任何配置，直接运行命令 webpack，会出现如下错误提示：

```
webpack
Insufficient number of arguments or no entry found.
Alternatively, run 'webpack(-cli) --help' for usage info.
```

在项目根目录下创建一个 webpack.config.js（默认，可修改）文件来配置 webpack。这个配置文件，其实就是一个 JS 文件，通过 Node 中的模块操作，向外暴露了一个配置对象，其代码结构如下：

```
module.exports = {
    entry: '',              // 入口文件
    output: {},             // 出口文件
    module: {},             // 处理对应模块
    plugins: [],            // 对应的插件
    devServer: {},          // 开发服务器配置
    mode: 'development'     // 模式配置
}
```

由于在运行 webpack 命令的时候，webpack 需要指定入口文件和输出文件的路径，所以，我们需要在 webpack.config.js 中配置这两个路径。根据项目的代码结构，我们来写一下最基本的 webpack 配置：

```
// 导入处理路径的模块
const path = require("path");
// 导出一个配置对象
module.exports = {
    entry: path.join(__dirname, "./src/main.js"), // 项目入口文件
    output: { // 配置输出选项
        path: path.join(__dirname, "./dist"), // 配置输出的路径
        filename: "bundle.js" // 配置输出的文件名
    },
    mode: "development" // 模式配置
};
```

然后再来运行 webpack，这次，我们发现运行成功了，运行结果和前面执行 webpack ./src/main.js --output-filename ./bundle.js --mode development 命令的结果是一样的。

思考：当我们在控制台，直接输入 webpack 命令执行的时候，webpack 做了什么？

（1）首先，webpack 发现我们并没有通过命令的形式，给它指定入口和出口。
（2）于是 webpack 就会去项目的根目录中查找一个叫作"webpack.config.js"的配置文件。
（3）当找到配置文件后，webpack 会去解析执行这个配置文件，当解析执行完配置文件后，就得到了配置文件中导出的配置对象。
（4）当 webpack 拿到配置对象后，就拿到了配置对象中指定的入口和出口，然后进行打包构建。

6.4 webpack-dev-server 的基本使用

假设我们每次修改了 main.js 中的代码，我们都需要手动运行 webpack 打包的命令，然后去刷新浏览器才能看到最新的代码效果，这样操作起来很麻烦，我们希望有那种"热更新"的机制，当修改代码之后，会自动进行打包构建，然后马上能够在浏览器中看到最新的运行效果。

所谓热更新，就是在不刷新网页的情况下，改变代码后，会自动编译并更新页面内容。

我们可以使用 webpack-dev-server 这个工具，来实现自动打包编译的功能。

现在看一下 webpack-dev-server 安装。

运行 npm i webpack-dev-server -D，把这个工具安装到项目的本地开发依赖。

安装完成之后，直接在控制台运行：webpack-dev-server，会报错：

```
webpack-dev-server : 无法将"webpack-dev-server"项识别为 cmdlet、函数、脚本
文件或可运行程序的名称。请检查名称的拼写，如果包括路径，请确保路径正确，然后再试一次。
```

这是因为我们是在项目中进行本地安装的 webpack-dev-server，所以无法把它当作脚本命令，在 powershell 终端中直接运行（只有那些安装到全局 -g 的工具，才能在终端中正常执行）。此时我们需要借助于 package.json 文件中的指令，来进行运行 webpack-dev-server 命令。

修改 package.json 中 scripts 下面的 dev 节点，将 "webpack --mode development" 修改为 "webpack-dev-server"。

```
"scripts": {
   "dev": "webpack-dev-server",
```

> **注 意**
>
> webpack-dev-server 这个工具，如果想要正常运行，要求在本地项目中必须安装 webpack。
> package.json 属于 json 文件，而 json 文件中是不能写注释的。

webpack4.x 将 CLI 抽离出为单独的包 webpack-cli，需要 npm install webpack-cli–D 单独全

局安装，不然无法进行编译。

运行命令：npm install webpack webpack-cli webpack-dev-server --save-dev 进行安装。

运行 npm run dev 命令，结果如下所示：

```
npm run dev
> webpack-learn@1.0.0 dev D:\WorkSpace\vue_book\codes\chapter6\webpack-learn
> webpack-dev-server
i 「wds」: Project is running at http://localhost:8080/
```

接下来就可以通过 http://localhost:8080 访问了，此时访问 webpack-dev-server 启动的 http://localhost:8080/ 网站，发现是一个文件夹的面板，需要点击到 src 目录下，才能打开我们的 index 首页，由于此时引用不到 bundle.js 文件，所以需要修改 index.html 中 script 的 src 属性为 /bundle.js。

```
<script src="/bundle.js"></script>
```

webpack-dev-server 帮我们打包生成的 bundle.js 文件，并没有存放到实际的物理磁盘上，而是直接托管到了电脑的内存中，所以，我们在项目根目录中，根本找不到这个打包好的 bundle.js。webpack-dev-server 把打包好的文件，以一种虚拟的形式，托管到了咱们项目的根目录中，虽然我们看不到它，却可以认为，它和 dist、src、node_modules 平级，只是看不见，它的文件叫作 bundle.js。

把 bundle.js 放在内存中的好处是：由于需要实时打包编译，所以放在内存中速度会非常快。

6.5 使用 html-webpack-plugin 插件配置启动页面

由于使用"--contentBase"命令的过程比较烦琐，既需要指定启动的目录，又需要修改 index.html 中 script 标签的 src 属性，所以推荐大家使用"html-webpack-plugin"插件来配置启动页面。

html-webpack-plugin 插件的两个作用：

- 在内存中根据指定磁盘中页面自动生成一个内存中的页面。
- 自动把打包好的 bundle.js 追加到页面中去，自动生成 script 标签。

配置步骤如下：

步骤 01 运行"npm i html-webpack-plugin --save-dev"安装到开发依赖。

步骤 02 修改"webpack.config.js"配置文件如下：

```
// 导入自动生成HTMl文件的插件
var htmlWebpackPlugin = require("html-webpack-plugin");
```

module.exports 中添加如下配置节点：

```
plugins: [
    // 配置插件的节点
    new htmlWebpackPlugin({ // 创建一个在内存中生成HTML页面的插件
        // 指定模板页面，将来会根据指定的页面路径，去生成内存中的页面
        template: path.join(__dirname, './src/index.html'),
        filename: 'index.html' // 指定生成的页面的名称
    })
],
```

plugins 节点用于存放所有的插件，由于可以存放多个插件，所以它是一个数组对象。

步骤03 修改 package.json 中 script 节点中的 dev 指令如下：

```
"dev": "webpack-dev-server"
```

步骤04 将 index.html 中 script 标签注释掉，因为"html-webpack-plugin"插件会自动把 bundle.js 插入到 index.html 页面中！

```
<!-- <script src="/bundle.js"></script> -->
```

6.6 webpack-dev-server 的常用命令参数

为了能在访问 http://localhost:8080/ 的时候直接访问到 index 首页，可以使用 --contentBase src 指令来修改 dev 指令，指定启动的根目录：

```
"dev": "webpack-dev-server --contentBase src"
```

同时修改 index 页面中 script 的 src 属性为：

```
<script src="bundle.js"></script>
```

每次运行 npm run dev 之后，都需要我们手动去浏览器打开 http://localhost:8080/这个地址。如果我们想让其自动打开，可以修改 package.json 的 script 节点如下，其中"--open"表示自动打开浏览器。

我们还可以通过"--port"来指定浏览器的默认端口号，如：--port 9527 表示打开的端口号为 9527。

```
"scripts": {
    "dev": "webpack-dev-server --contentBase src --open --port 9527",
```

修改配置后，然后直接运行 npm run dev，控制台结果如下：

```
Built at: 2019-05-13 21:49:46
    Asset      Size  Chunks                    Chunk Names
bundle.js   688 KiB    main  [emitted]  main
Entrypoint main = bundle.js
[0] multi (webpack)-dev-server/client?http://localhost:9527
(webpack)/hot/dev-server.js ./src/main.js 52 bytes {main} [built]
[./node_modules/jquery/dist/jquery.js] 274 KiB {main} [built]
[./node_modules/loglevel/lib/loglevel.js] 7.68 KiB {main} [built]
[./node_modules/querystring-es3/index.js] 127 bytes {main} [built]
[./node_modules/strip-ansi/index.js] 161 bytes {main} [built]
[./node_modules/url/url.js] 22.8 KiB {main} [built]
[./node_modules/webpack-dev-server/client/index.js?http://localhost:9527]
(webpack)-dev-server/client?http://localhost:9527 8.26 KiB {main} [built]
[./node_modules/webpack-dev-server/client/overlay.js]
(webpack)-dev-server/client/overlay.js 3.59 KiB {main} [built]
[./node_modules/webpack-dev-server/client/socket.js]
(webpack)-dev-server/client/socket.js 1.05 KiB {main} [built]
[./node_modules/webpack/hot sync ^\.\/log$] (webpack)/hot sync nonrecursive
^\.\/log$ 170 bytes {main} [built]
[./node_modules/webpack/hot/dev-server.js] (webpack)/hot/dev-server.js 1.61 KiB
{main} [built]
[./node_modules/webpack/hot/emitter.js] (webpack)/hot/emitter.js 75 bytes {main}
[built]
[./node_modules/webpack/hot/log-apply-result.js]
(webpack)/hot/log-apply-result.js 1.27 KiB {main} [built]
[./node_modules/webpack/hot/log.js] (webpack)/hot/log.js 1.11 KiB {main} [built]
[./src/main.js] 151 bytes {main} [built]
+ 14 hidden modules
```

我们再来配置热更新，通过 "--hot" 表示启用浏览器热更新。当我们启用热更新后，我们来修改 main.js 中代码，然后直接按 Ctrl+S 键进行保存。此时控制台的执行结果如图 6-4 所示。

图 6-4

由上图可以看到，当配置了热更新之后，每当我们变更了代码，并保存之后，并没有重新对整个项目进行编译，而是只进行局部更新。通过两个文件 xxx.hot.update.json 和 xxx.hot-update.js 来进行局部更新的，这样一来就实现了浏览器无刷新重载。

界面运行效果如图 6-5 所示。

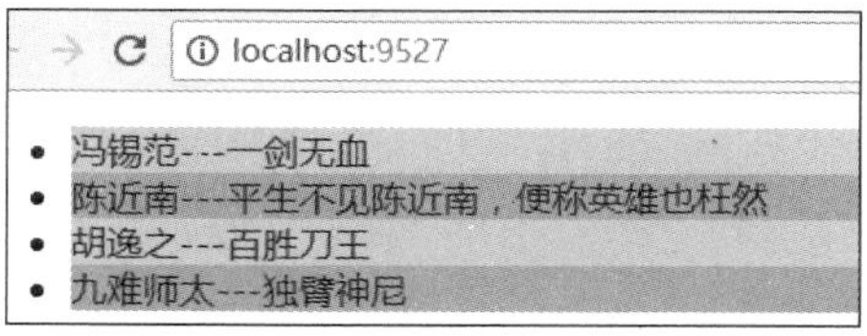

图 6-5

6.7 webpack-dev-server 配置命令的另一种方式

dev-server 命令参数的另一种方式是通过在 webpack.config.js 文件中进行配置，相对来说，这种方式略微麻烦一些，操作步骤如下：

步骤 01 在头部引入 webpack 对象：

```
const webpack = require('webpack')
```

步骤 02 在 plugins 节点下添加配置节点：

```
plugins: [ // 配置插件的节点
   new webpack.HotModuleReplacementPlugin(), // new 一个热更新的模块对象
],
```

步骤 03 添加 devServer 配置节点：

```
devServer: { // 这是配置 dev-server 命令参数的第二种方式
   // --open --port 3000 --contentBase src --hot
   open: true, // 自动打开浏览器
   port: 3000, // 设置启动时候的运行端口
   contentBase: 'src', // 指定托管的根目录
   hot: true // 启用热更新
},
```

> **注 意**
>
> 配置节点 plugins、devServer 和 output 是同级。

步骤 04 修改 package.json 中的配置，在 scripts 中添加一个配置节点"dev2"：

```
"dev2": "webpack-dev-server",
```

步骤 05 最后运行 npm run dev2，效果同 6.5 节。

6.8 配置处理 css 样式表的第三方 loader

本节我们通过引入 css 样式文件来实现隔行变色的效果。在 css 目录下，新建 index.css 文件，添加如下 css 代码：

```css
/*奇数*/
ul li:nth-child(odd) {
   background-color: green;
}

/*偶数*/
ul li:nth-child(even) {
   background-color: red;
}

ul li {
   font-size: 12px;
   line-height: 30px;
}
```

然后我们引入这个 css 文件。在哪里引入呢？index.html 还是 main.js？

如果是在 index.html 中来引入，如下所示：

```
<link rel="stylesheet" href="./css/index.css">
```

但是，通常不建议在 index.html 中引入第三方的样式，因为在 index.html 中每引入一个样式文件都会发起一个新的请求。那么，我们可以在 main.js 中来引入，通过 import 语法来引入，如下所示：

```
import './css/index.css'
```

在前面我们引入 jQuery 的时候，是通过 import xx from 'xx' 这样来引用的：

```
import $ from 'jquery';
```

因为我们引入一些 JS 模块的时候，往往返回了一个对象，我们需要一个载体接收这个对象，然后再使用这个对象的一些属性和方法。而当我们引入一些静态资源的时候，只是单纯地把文件引入进来而已，所以就直接使用 import，至于最后面的分号可加可不加。

注释掉之前的 jQuery 代码，然后运行：npm run dev，结果报错，错误提示如下：

```
ERROR in ./src/css/index.css 2:3
Module parse failed: Unexpected token (2:3)
You may need an appropriate loader to handle this file type.
```

这个错误的意思是：你可能需要一个合适的 loader 去操作这种文件类型。此时 webpack 无法处理后缀名为 .css 的文件。

思考：为什么前面引入 jQuery 可以正常运行，而现在引入 .css 文件就报错？

这是因为webpack，默认只能打包处理JS类型的文件，无法处理其他的非JS类型的文件。如果要处理非JS类型的文件，就需要手动安装一些相应的第三方loader加载器。

如果想要打包处理css文件，需要安装两个loader，分别是style-loader和css-loader。安装命令如下：

```
npm i style-loader css-loader -D
```

接下来，我们还要进行一步操作，打开webpack.config.js这个配置文件，在里面新增一个配置节点，叫作module，它是一个对象，在这module对象上，有个rules属性，这个rules属性是个数组，而这个数组中存放了所有第三方文件的匹配和处理规则。test属性，后面支持正则表达式，use属性后面是一个数组，表示用哪些loader来进行处理。下面代码的意思是：当匹配到有文件后缀名是.css的文件时，采用style-loader和css-loader这两个加载器进行处理。

```
module: { // 这个节点用于配置所有第三方模块加载器
rules: [ // 配置所有第三方模块的匹配规则
//配置处理.css文件的第三方loader 规则
    { test: /\.css$/, use: ['style-loader', 'css-loader'] },
    ]
},
```

当我们通过import引入资源的时候，它并不会马上报错，而是先去webpack.config.js这个配置文件中查找module中的rules属性，去匹配规则，如果能匹配上，就会用匹配上的loader去处理请求的资源文件。

修改配置文件webpack.config.js后，重新运行npm run dev，编译通过，css样式文件中的样式也已生效。

6.9 分析webpack调用第三方loader的过程

webpack在打包的时候，首先校验文件的类型，如果是JS类型的文件则直接打包，否则先获取资源后缀名，然后去webpack.config.js这个配置文件中去查找规则属性rules，根据reles中配置得匹配规则去进行匹配，如果匹配不上就会报错，匹配上了，就用匹配的loader去处理资源。

在use属性中，配置的loader，调用顺序是：从右往左。也就是说在上述配置中，先调用css-loader、然后调用style-loader。这个也很好理解，我们先通过css-loader解析.css格式的文件，css模块依赖解析完之后会得到一个处理结果，将这个处理结果再通过style-loader生成一个内容为最终解析完的CSS代码的style标签，放到head标签里。

最后一个loader调用完毕，会把处理的结果，直接交给webpack进行打包合并，最终输出到bundle.js中去。

6.10 npm install--save、--save-dev、-D、-S、-g 的区别

在前面多次用到了 npm，你会发现有时候用到了-D，有时候又是-S 或者-g，那么它们之间有一些什么样的区别呢？

先来说一下 npm 中的一些常见命令参数：

```
npm install= npm i
--save = -S
--save-dev= -D
```

i 是 install 的简写，-S 是—save 的简写，-D 是—save-dev 的简写。

--save 和--save-dev 表面上的区别是--save 会把依赖包名称添加到 package.json 文件 dependencies 节点下，---save-dev 则是添加到 package.json 文件 devDependencies 节点下。

dependencies 是运行时的依赖，devDependencies 是开发时的依赖。

devDependencies 下列出的模块，是我们开发时用的，比如我们安装 style-loader 和 css-loader 时，采用的是 "npm i style-loader css-loader –D" 命令安装，因为我们在发布后用不到它，只是在开发时才用到它。

dependencies 下的模块，则是应用发布后还需要依赖的模块，譬如像 jQuery 库，我们在开发完后肯定还要依赖它们，否则应用就运行不了。所以我们采用的是 "npm i jquery -S"。

npm install -g moduleName 命令作用如下：

- 安装模块到全局，不会在项目 node_modules 目录中保存模块包。
- 不会将模块依赖写入 devDependencies 或 dependencies 节点。
- 运行 npm install 初始化项目时不会下载模块。

> **注　意**
>
> 正常使用 npm install 或 npm i 时，会下载 dependencies 和 devDependencies 中的模块，当使用 npm install –production 或者注明 NODE_ENV 变量值为 production 时，只会下载 dependencies 中的模块。当运行 npm i 安装包的过程中卡死了，可以按 Ctrl+C 键进行终止，终止之后建议删除 node_modules 目录，然后再重新安装，否则可能会出现各种报错。

6.11 配置处理 less 文件的 loader

同样地，如果要处理 .less 文件，就必须安装 less 相关的 loader。

(1) 运行 npm i less-loader less–D。

(2) 修改 webpack.config.js 这个配置文件：

```
{ test: /\.less$/, use: ['style-loader', 'css-loader', 'less-loader'] },
```

> **注 意**
>
> use 中各个模块的引入顺序：从右至左。

(3) 新建 index.less 文件，并将 index.css 中的代码复制过来，然后在 main.js 中修改样式引用：

```
import './css/index.less'
```

6.12 配置处理 scss 文件的 loader

(1) 运行 cnpm i sass-loader node-sass --save-dev。

(2) 修改 webpack.config.js 这个配置文件：

```
{ test: /\.scss$/, use: ['style-loader', 'css-loader', 'sass-loader'] }
```

(3) 新建 index.scss 文件，并将 index.css 中的代码复制过来，然后在 main.js 中修改样式引用：

```
import './css/index.scss'
```

> **注 意**
>
> 所有的 loader 命名规则，都是 loader 名称+-loader，这是从 webpack2.x 之后定下的规则。

这里加载的 sass-loader，为什么 css 文件后缀名又是用的 .scss？

SCSS 是 Sass3 引入新的语法，其语法完全兼容 CSS3，并且继承了 SASS 的强大功能。也就是说，任何标准的 CSS3 样式表都是具有相同语义的、有效的 SCSS 文件。另外，SCSS 还能识别大部分 CSS hacks（一些 CSS 小技巧）和特定于浏览器的语法。

项目开发中推荐使用 SCSS 语法。

6.13 webpack 中 url-loader 的使用

在 index.html 页面中，添加如下代码：

```
<div class="img"></div>
```

然后在 index.scss 页面添加如下代码：

```
.img{
    background: url('../img/boy.jpg');
    width:260px;
    height: 400px;
    background-size: cover;
}
```

保存后控制台编译报错，错误提示如下：

```
ERROR in ./src/img/boy.jpg 1:0
Module parse failed: Unexpected character '�' (1:0)
You may need an appropriate loader to handle this file type.
(Source code omitted for this binary file)
 @ ./src/css/index.scss
(./node_modules/css-loader/dist/cjs.js!./node_modules/sass-loader/lib/loader.js!./src/css/index.scss) 4:41-66
```

这说明在默认情况下，webpack 无法处理样式表中的 url 地址，那么我们要安装特定的 loader。

操作步骤如下：

步骤01 运行 npm i url-loader file-loader --save-dev。

步骤02 在 webpack.config.js 中添加处理 url 路径的 loader 模块：

```
{ test: /\.(jpg|png|gif|bmp|jpeg)$/, use: 'url-loader'},
```

运行结果如图 6-6 所示。

图 6-6

在浏览器中审查元素，如图 6-7 所示，我们看到 background 中的 url 图片路径是一个 Base64 格式的文件，这样处理的好处就是避免了资源文件的二次请求，并且可以有效地防止图片重名。

```
.img {
    background: ▶
        url(data:image/jpeg;base64,/9j/4AAQSkZJRgABAQAAAQABAAD/2wBDAAUDBAQEAwUEBAQFBQUG...
        Qft1pUZAiRdUyrsYbkZfJUfJ5TgR9c9dqyuOI5TP73buEklLOoIC204Kd+px1OM11ZeL/Qs//Z);
    width: 300px;
    height: 400px;
    background-size: cover;
}
```

图 6-7

先来看一下这张图片的大小，用鼠标右键点击图片名"boy.jpg"，可以看到其大小是 362163 字节，我们给 url-loader 添加参数 limit，这里将值设置为 362162，比图片的大小要小 1 字节，修改 webpack.config.js 文件：

```
use: 'url-loader?limit=362162'
```

重新运行 npm run dev，在浏览器中审查元素，运行效果如图 6-8 所示。

图 6-8

可以看到，此时 url 指向的是一个图片的路径，我们直接在浏览器中访问 http://localhost:9527/ed7ed11109aa7cc0cbad5907d03cec05.jpg，是可以加载出图片的。

说　　明
可以通过 limit 指定进行 Base64 编码的图片大小，只有小于指定字节（byte）的图片才会进行 base64 编码。

这里会发现一个问题，图片的名称变成"ed7ed11109aa7cc0cbad5907d03cec05.jpg"，而我们在代码中引入的图片名称是 boy.jpg，那么如果想要图片引入前后的名称不变，如何处理？此时，我们继续修改 webpack.config.js：

```
use: 'url-loader?limit=362162&name=[name].[ext]'
```

通过 & 在 url-loader 后面传参，name 表示文件名，[name]表示使用后的文件名和使用前一致，[ext]表示使用后的文件扩展名和使用前一致。

重新运行 npm run dev，在浏览器中审查元素，运行效果如图 6-9 所示。

```
.img {
    background: ▶ url(boy.jpg);
    width: 300px;
    height: 400px;
    background-size: cover;
}
```

图 6-9

我们再新建一个目录 images，在这个目录下面我再弄一个张不同的图片，然后将图片名称也命名为 boy.jpg。

在 index.html 页面中，添加一个 div 容器：

```
<div class="img1"></div><div class="img2"></div>
```

index.scss 中添加修改如下：

```
.img,.img2{
    width:300px;
    height: 500px;
    background-size: 100% !important;
    float: left;
}
.img{
    background: url('../img/boy.jpg') no-repeat;
}
.img2{
    background: url('../images/boy.jpg') no-repeat;
}
```

此时，我们会发现界面中展示了两张一模一样的图片，在浏览器中审查元素，可以发现，这两个 div 中的样式都是：background: url(boy.jpg)。也就是说，这两个 div 背景图片都是指向的根目录下面的 boy.jpg。而且这两种图片显示的都是 images 目录下面的图片，这是因为当 webpack 在打包的时候，.img2 中的样式写在后面，所以就后打包。由于打包的图片文件名称相同都是 boy.jpg，且都是打包到根路径，后打包的文件会覆盖之前打包的路径，所以界面最终显示的图片其实是 images/boy.jpg 这张图片，如图 6-10 所示。

图 6-10

那么，如果我们既想要保留原来的图片名，又想防止图片重名造成的影响，怎么处理呢？可以通过在打包后的文件名上做手脚，比如在文件名的后面再加上一个 hash 字符。

```
use: 'url-loader?limit=31606&name=[name]-[hash:6].[ext]'
```

如上代码所示，表示打包后的文件名称后面会加上"-"以及图片的 hash 值，[hash:6]表示从 hash 值中截取 6 位（hash 值是 32 位的，不同图片的 hash 是不一样的）。

运行效果如图 6-11 所示。

图 6-11

浏览器中审查元素，代码如下：

```
.img {
    background: url(boy-ed7ed1.jpg) no-repeat;
}
.img2 {
    background: url(boy-bed6e8.jpg) no-repeat;
}
```

6.14 webpack 中使用 url-loader 处理字体文件

我们到 Iconfont 网站（阿里巴巴矢量图标库，https://www.iconfont.cn/）下载矢量图标，下载后，将 iconfont.css 文件放到 css 目录下，将字体文件 iconfont.ttf 放到 fonts 目录下，然后在 main.js 文件中引入字体样式文件 iconfont.css：

```
import './css/iconfont.css'
```

保存，发现编译报错，错误提示如下：

```
ERROR in ./src/css/iconfont.css
(./node_modules/css-loader/dist/cjs.js!./src/css/iconfont.css)
Module not found: Error: Can't resolve '../fonts/iconfont.svg?t=1504591432171' in
'D:\WorkSpace\vue_book\codes\chapter6\webpack-learn\src\css'
 @ ./src/css/iconfont.css
(./node_modules/css-loader/dist/cjs.js!./src/css/iconfont.css) 5:41-89
 @ ./src/css/iconfont.css
 @ ./src/main.js
……
```

在 webpack.config.js 添加如下配置：

```
{ test: /\.(ttf|eot|svg|woff|woff2)$/, use: 'url-loader' }
```

index.html 页面中添加代码：

```
<div class="iconfont icon-repository fl-clear"></div>
```

index.scss 页面中添加样式：

```
.fl-clear{
    float: left;
    clear: both;
    color: red;
}
```

6.15 webpack 中 Babel 的配置

在 ES6 之前，我们是如何来实例化对象的？

```
function Boy(name,age){
    this.name=name;
    this.age=age;
}
Boy.interest='toy';
var boy=new Boy('邹宇峰',5);
```

如上代码所示，我们可以通过函数对象中的 this 来开辟一些空间以实现构造函数，其本质上还是一个 function 函数，它并不是真正面向对象的方式。通过 this 来设定的是实例属性，当我们调用 new Boy(name,age) 这个构造函数的时候，就在内存当中开辟了一段新的内存空间，并在这个内存空间中存放了 name 和 age 这两个变量。直接在方法名上赋值的属性是静态属性，如 interest。当 Boy 这个函数对象一声明的时候，就已经在内存当中开辟了一块空间，此时 Boy.interest='toy'，表示将变量存在在 Boy 对象所在的内存空间中。所以静态变量和局部变量是存放在不同的内存空间当中的。

class 关键字是 ES6 中提供的新语法，是用来实现 ES6 中面向对象编程的方式。它是从后端语言 C#、Java 中借鉴过来的。

使用 static 关键字可以定义静态属性。所谓静态属性，就是可以通过类名直接访问的属性。与静态属性相对应的是实例属性，只能通过类的实例来访问的属性，叫作实例属性。

```
// ES6 实现类和构造函数
class Child{
    static info={name:'邹宇峰',age:5}
}
var boy=new Child('邹宇峰',5);
```

保存后代码编译报错，错误信息如下：

```
ERROR in ./src/main.js 22:15
Module parse failed: Unexpected token (22:15)
You may need an appropriate loader to handle this file type.
| class Child{
|     // 使用 static 关键字，可以定义静态属性
>     static info={name:'邹宇峰',age:5}
| }
| var boy=new Child('邹宇峰',5);
```

- ERROR in ./src/main.js 22:15：错误发生在 ./src/main.js 这个文件中的第 22 行第 15 个字符。
- Unexpected token：无法识别符号。
- You may need an appropriate loader to handle this file type：你可能需要一个合适的 loader 去处理这个文件类型。

说　明
在 webpack 中，默认只能处理一部分 ES6 的新语法。一些更高级的 ES6 语法或者 ES7 及以上语法，webpack 是处理不了的，这时候就需要借助于第三方的 loader，来帮助 webpack 处理这些高级的语法，当第三方 loader 把高级语法转换为低级的语法之后，会把转换结果交给 webpack 去打包到 bundle.js 中。

Babel 是一个 JavaScript 编译器，Babel 中文网址为 https://www.babeljs.cn/。

使用 Babel 可以帮我们将高级的 JS 语法转换为低级的语法，操作步骤如下：

步骤01　运行 npm i babel-core babel-loader babel-plugin-transform-runtime --save-dev 安装 Babel 的相关 loader 包。

步骤02　运行 npm i babel-preset-env babel-preset-stage-0 --save-dev 安装 Babel 转换的语法。

步骤03　在 webpack.config.js 中添加相关 loader 模块，其中需要注意的是，一定要把 node_modules 文件夹添加到排除项。

```
{ test: /\.js$/, use: 'babel-loader', exclude: /node_modules/ }
```

> **注　意**
>
> exclude 表示要排除的项目，同样支持正则匹配，node_modules 中是别家提供的现成第三方包，不需要转换，真正需要转换的是我们自己写的、webpack 无法识别的 JS 代码。

如果不排除 node_modules，那么 Babel 会把 node_modules 中所有的第三方 JS 文件都打包编译，这样将会非常消耗 CPU，同时打包速度也非常慢。

即使最终 Babel 把所有 node_modules 中的 JS 转换完毕了，项目也依旧无法正常运行！

步骤 04 在项目根目录中添加.babelrc 文件，并修改这个配置文件如下：

```
{
    "presets": ["env", "stage-0"],
    "plugins": ["transform-runtime"]
}
```

> **注　意**
>
> 这个配置文件，属于 JSON 格式，所以在写 .babelrc 配置的时候，必须符合 JSON 语法规范：不能写注释，字符串必须用双引号。这里配置的 presets 和我们前面安装的 babel-preset-env babel-preset-stage-0 这两个语法包相对应，plugins 则和我们前面安装的插件 babel-plugin-transform-runtime 相对应。

> **说　明**
>
> 目前，我们安装的 babel-preset-env 是比较新的 ES 语法，在这之前我们安装的是 babel-preset-es2015，现在出了一个更新的语法插件，叫作 babel-preset-env，它包含了所有的与 ES 相关的语法。考虑到 babel-preset-env 比 babel-preset-es2015 的语法范围更广，建议安装 babel-preset-env。

经过上面四步骤配置之后再运行项目，编译正常。

第 7 章
webpack 和 Vue 的结合

7.1 webpack 中导入 Vue 和普通网页使用 Vue 的区别

我们先来回顾一下在普通网页中使用 Vue 的步骤：

步骤 01 使用 script 标签，引入 Vue 的包。
步骤 02 在 index 页面中，创建一个 id 为 "app" 的 div 容器。
步骤 03 通过 new vue 得到一个 VM 的实例。

为了方便演示，我们将第 6 章的项目 "webpack-learn" 复制过来（注意：项目中的 node_modules 目录不要复制），重新命名为 "webpack-study"。

7.1.1 在 webpack 中使用 Vue

1. 将 Vue 安装为运行依赖：npm i vue -S

修改 main.js 代码如下：

```
import Vue from 'vue'
var vm = new Vue({
    el: '#app',
    data: {
        msg: '你打不过我吧，没有办法，我就是这么强大'
    }
})
```

index.html 代码如下：

```
<div id="app">
    <span>{{msg}}</span>
</div>
```

运行 npm run dev，我们会看到如下所示的错误提示：

```
[Vue warn]: You are using the runtime-only build of Vue where the template compiler
is not available. Either pre-compile the templates into render functions, or use
the compiler-included build.
```

这是因为在 webpack 中，使用 import Vue from 'vue' 导入的 Vue 构造函数功能不完整，只提供了 runtime-only 的方式，并没有提供像网页中那样的使用方式。

回顾 import 引入包的查找规则：

（1）首先在项目根目录中找有没有 node_modules 的文件夹。

（2）在 node_modules 文件夹中根据包名找对应的 vue 文件夹。

（3）在 vue 文件夹中，查找一个叫作 package.json 的包配置文件。

（4）在 package.json 文件中，查找一个 main 属性（main 属性指定了这个包在被加载时的入口文件）。

我们到 \webpack-study\node_modules\vue 目录中查看 package.json 文件，可以看到其 main 属性："main": "dist/vue.runtime.common.js"。也就是说通过 import 引入的 Vue 指向的就是 "node_modules\vue\dist\vue.runtime.common.js" 这个文件导出的对象。vue\dist 目录下的文件如图 7-1 所示。

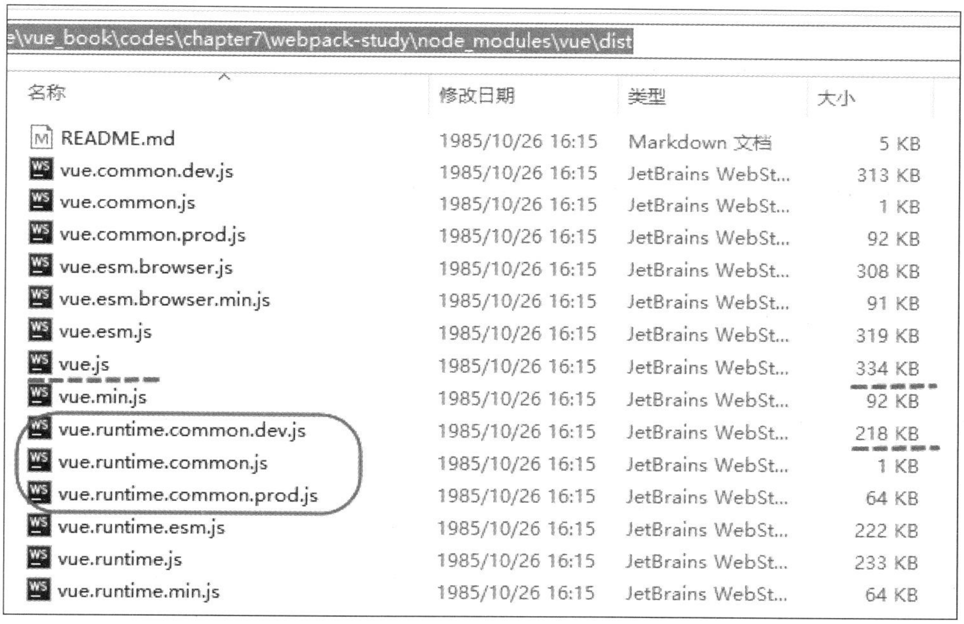

图 7-1

我们通过<script>引入的 Vue 就是 vue.js 这个文件，而通过 import 引入 Vue 引入的是 vue.runtime.common.js，vue.runtime.common.js 代码如下：

```
if (process.env.NODE_ENV === 'production') {
    module.exports = require('./vue.runtime.common.prod.js')
} else {
```

```
       module.exports = require('./vue.runtime.common.dev.js')
}
```

那么 import 在开发环境下,引入的其实就是 vue.runtime.common.dev.js 这个文件。我们可以很明显地看到 vue.js 比 vue.runtime.common.dev.js 这个文件要大。

解决此问题的几种方法如下:

(1) 我们可以直接修改 vue.runtime.common.js。

```
module.exports = require('./vue.runtime.common.prod.js')
```

为

```
module.exports = require('./vue.js')
```

此时,通过 import 引入的就是完整版的 Vue 对象了。

(2) 我们还可以通过直接修改 main.js 中的 import 对象。

```
import Vue from '../node_modules/vue/dist/vue'
```

运行结果如图 7-2 所示。

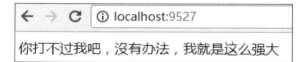

图 7-2

(3) 在 webpack.config.js 中添加 resolve 属性:

```
resolve: {
    alias: { // 修改 Vue 被导入时候的包的路径
        'vue$': 'vue/dist/vue.esm.js'
    }
},
```

注　意
每次修改了配置文件,都需要运行 npm run dev 重新编译后才会生效。

接下来,我们还原为默认的 Vue 引入,也就是引入 runtime-only 的 Vue,然后新建一个组件"Logo.vue"。

如果 VSCode 安装了"Vue VSCode Snippets"插件,只要在新建的文件中输入"vbase",然后按回车键,就会自动帮我们生成 Vue 组件的基本格式代码,自动生成的代码如下:

```
<template>
    <div>

    </div>
```

```
</template>

<script>
   export default {

   }
</script>

<style lang="scss" scoped>

</style>
```

Vue 组件由三部分组成，分别是 template、script、style。template 中必须存在一个根 DOM 节点容器，通常采用 div，template 中主要用于存放 HTML 代码，script 中主要用于存放 JS 代码，而 style 中主要用于存放 CSS 样式代码。

（1）在 logo.vue 中添加如下代码：

```
<template>
   <div>
   <img src="./images/o_e.png"  title="H5+跨平台移动应用实战开发"/>
   <div class="publish">出版日期：2019-4</div>
   </div>
</template>

<script>
   export default {

   }
</script>

<style lang="scss" scoped>
img{
border:2px solid #ddd;border-radius:20px;
height: 3006px;width:227px
}
.publish{
   color: red;
}
</style>
```

（2）在 main.js 中引入 logo.vue 组件：

```
import logo from './logo.vue'
var vm = new Vue({
   el: '#app',
```

```
  components:{
    logo
  },
  data: {
    msg: '你打不过我吧,没有办法,我就是这么强大'
  }
})
```

（3）index.html 中添加如下代码：

```
<logo></logo>
```

（4）运行 npm run dev，我们会看到控制台报错：

错误提示：vue.runtime.esm.js:620 [Vue warn]: You are using the runtime-only build of Vue where the template compiler is not available. Either pre-compile the templates into render functions, or use the compiler-included build.

注　意

template 在 runtime-only 下不可用。根据错误提示，我们通过 render 函数来引入 templates，注释掉 components 代码，然后添加如下代码：
`render:function(cel){`
`  return cel(logo);`
`},`

说　明
在 webpack 中，如果想要通过 Vue 把一个组件放到页面中去展示，可以通过 VM 实例中的 render 函数来实现。如果你学习过 C# 等高级语言，那么你一定了解 Lambda 表达式。

```
render:function(cel){
  return cel(logo);
},
```

Lambda 表达式写法：

```
//lambda 表达式
render:(cel)=>{ return cel(logo);},
```

去掉不必要的括号后，最终可以简写为：

```
render:r=>r(authorInfo),
```

保存代码，此时出现了一个新的错误，错误提示：

```
logo.vue:1 Uncaught Error: Module parse failed: Unexpected token (1:0)
You may need an appropriate loader to handle this file type.
```

```
> <template>
    <div>
……
```

根据错误提示，我们知道需要一个 loader 去处理这种类型（.vue）的文件。

注　意
默认情况下，webpack 无法打包 .vue 文件，需要安装相关的 loader。

（5）运行 npm i vue-loader vue-template-compiler –D 将解析转换 Vue 的包安装为开发依赖。

（6）在 webpack.config.js 中，添加如下 module 规则：

```
{ test: /\.vue$/, use: 'vue-loader' } // 处理 .vue 文件的 loader
```

继续运行 npm run dev，会看到如下所示的错误提示：

```
vue-loader was used without the corresponding plugin. Make sure to include
VueLoaderPlugin in your webpack config.
```

分析：vue-loader 在 15.*之后的版本都是 vue-loader 的使用需要伴生 VueLoaderPlugin。

在 webpack.config.js 中加入如下所示代码：

```
const VueLoaderPlugin = require('vue-loader/lib/plugin');
 plugins: [
    // 配置插件的节点
    new VueLoaderPlugin(),
……
```

（7）运行 npm i style-loader css-loader –D 将解析转换 CSS 的包安装为开发依赖，因为.vue 文件中会写 CSS 样式。

在 webpack.config.js 中加入如下所示代码：

```
{ test: /\.css$/, use: ['style-loader', 'css-loader'] },
//配置处理.css 文件的第三方 loader 规则
```

说　明
在第 6 章中，我们已经安装并配置了 CSS 模块，而第 7 章的配置文件内容是直接从第 6 章复制过来的，所以当我们执行 npm i 的时候，会自动把相关的依赖包都安装进来。

最终运行结果如图 7-3 所示。

Vue.js 2.x 实践指南

出版日期：2019-04

图 7-3

7.1.2 在 webpack 中配置.vue 组件页面总结

我们总结一下在 webpack 中配置.vue 组件页面解析的步骤：

步骤01 运行 npm i vue-S 将 Vue 安装为运行依赖。

步骤02 运行 npm i vue-loader vue-template-compiler–D 将解析转换 Vue 的包安装为开发依赖。

说　　明
在 webpack 中，推荐使用.vue 这种独立组件模板文件定义组件，所以需要安装能解析这种文件的 loader。

步骤03 在 main.js 中，导入 Vue 模块 import Vue from 'vue'。

步骤04 定义一个.vue 结尾的组件，如 logo.vue，其中组件由三部分组成：template、script、style。

步骤05 使用 import login from './logo.vue'导入这个组件。

步骤06 创建 VM 的实例：

```
var vm = new Vue({ el: '#app', render: r => r(logo) })
```

步骤07 在页面中创建一个 id 为 app 的 div 元素，作为我们 VM 实例要控制的区域，通常是在 index.html 中。

步骤08 运行 npm i style-loader css-loader–D 将解析转换 CSS 的包安装为开发依赖，因为.vue 文件中会写 CSS 样式。

步骤09 在 webpack.config.js 中，添加如下 module 规则：

```
{ test: /\.vue$/, use: 'vue-loader' } // 处理 .vue 文件的 loader
{ test: /\.css$/, use: ['style-loader', 'css-loader'] },
```

//配置处理 .css 文件的第三方 loader 规则

步骤 10 webpack.config.js 中添加 VueLoaderPlugin 插件。

7.2 export default 和 export 的使用方式

1. Node 中导入和导出模块

Node 中向外暴露成员的形式，使用 module.exports={}和 exports。

Node 中导入模块，使用"var 名称=require('模块标识符')"。

2. ES6 中导入和导出模块

ES6 中导入模块，使用"import 模块名称 from'模块标识符'"。

ES6 中导出模块，使用 export default 和 export 向外暴露成员。

3. export default 和 export 区别

（1）export 与 export default 均可用于导出常量、函数、文件、模块等。

（2）在一个文件或模块中，export、import 可以有多个，export default 仅有一个。

（3）通过 export 方式导出，在导入时要加 { }，这种形式叫作"按需导出"，export 可以向外导出多个成员。同时，如果我们在 import 的时候不需要某些成员，可以不在 {} 中定义。

（4）使用 export 导出的成员，必须严格按照导出时候的名称来使用 {} 按需接收。如果想换个名称来接收，可以使用 as 起个别名。

（5）export default 向外导出的成员，可以使用任意的变量来接收，export default 在导入时不需要加{}。

（6）在一个文件模块中，可以同时使用 export default 和 export 向外导出成员。

> **注 意**
>
> 项目中 Node 和 ES6 的导入导出方式不要混用，比如导出用 ES6 的方式,导入又用 Node 的方式，这个是不对的。

4. 使用场景

（1）输出单个值，使用 export default。

（2）输出多个值，使用 export。

（3）export default 与普通的 export 不要同时使用。

我们通过一个示例来演示一下 export default 和 export 的用法。

（1）新建文件 export.js，添加代码如下：

```
const author={
```

```
    name:'邹琼俊',
    age:31,
    university:'湖南第一师范学院'
}
export default author
// export default{
//     profession:'程序猿'
// }
export const profession='程序猿'
export const hometown='湖南娄底冷水江'
```

(2) 新建组件"authorInfo.vue"，引入 export.js，编译直接报错，错误提示如下：

```
Only one default export allowed per module. (8:0)
```

说　明
一个模块或者文件中只能存在一个 export default。

(3) 注释掉其中一个 export default：

```
// export default{
//     profession:'程序猿'
// }
```

(4) authorInfo.vue 中添加如下代码：

```
<template>
    <div>
    <dl><dt>
        作者信息
        </dt>
        <dd>姓名：{{info.name}}</dd>
            <dd>年龄：{{info.age}}</dd>
                <dd>毕业院校：{{info.university}}</dd>
                    <dd>职业：{{profession}}</dd>
                        <dd>家乡：{{home}}</dd>
        </dl>
    </div>
</template>

<script>
// authorInfo 名称可以任意命名
import authorInfo from './export'
import{profession,hometown as home} from './export'
    export default {
        data(){
```

```
      return {
        info:authorInfo,
        profession:profession,
        home:home
      }
    },
  }
</script>

<style lang="scss" scoped>
dt{
   text-align: center;
   font-weight: bold;
}
</style>
```

(5) 同时修改 main.js 中代码:

```
import authorInfo from './authorInfo.vue'
render:r=>r(authorInfo),
……
```

界面运行结果如图 7-4 所示。

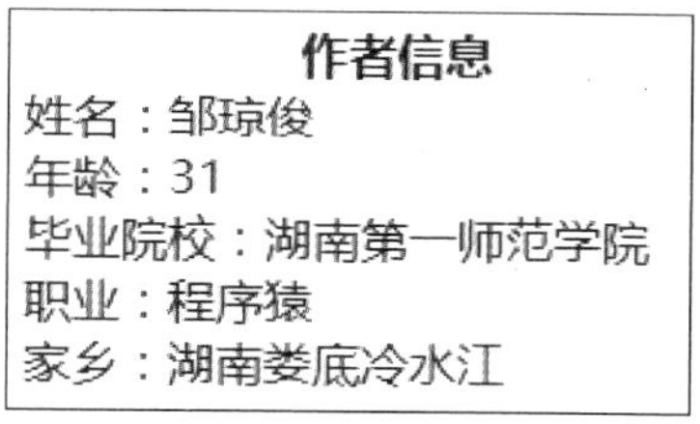

作者信息
姓名：邹琼俊
年龄：31
毕业院校：湖南第一师范学院
职业：程序猿
家乡：湖南娄底冷水江

图 7-4

7.3 结合 webpack 使用 vue-router

为了方便演示，我们新建文件夹 webpack-vue-router，然后从 webpack-study 目录中把文件复制过来。需要注意的是，不要复制 node_modules 文件夹，一方面 node_modules 文件夹比较大且文件数比较多；另一方面，即便你复制过来，可能也无法使用。实际上，只要复制了 package.json 文件，我们就可以通过 npm i 命令来自动根据依赖包生成 node_modules 目录。文件复制完成之后，用 VSCode 打开文件夹 webpack-vue-router，然后执行命令 npm i 安装所有依赖包。

(1) 修改 index.html：

```
<div id="app">
</div>
```

(2) 新建 App.vue 组件：

```
<template>
    <div>
    启动组件
    </div>
</template>

<script>
    export default {

    }
</script>

<style lang="scss" scoped>

</style>
```

(3) 修改 main.js：

```
import Vue from 'vue'
import App from './App.vue'

var vm = new Vue({
    el: '#app',
    render:r=>r(App),
})
```

运行 npm run dev，启动项目，运行结果如图 7-5 所示。

图 7-5

通过上面的步骤，我们已经把基础环境给搭建好了，接下来在 Vue 组件页面中，集成 vue-router 路由模块。

(1) 安装 vue-router：npm install vue-router。

(2) 导入路由模块：

```
import Vue from 'vue'
import VueRouter from 'vue-router'
```

(3) 安装路由模块：

```
Vue.use(VueRouter)
```

(4) 新建 components 目录，并在目录下新建 login 和 register 组件，然后导入 login 和 register 组件，代码如下：

```
import login from './components/login.vue'
import register from './components/register.vue'
```

(5) 创建路由对象：

```
var router = new VueRouter({
  routes: [
    { path: '/login', component: login },
    { path: '/register', component: register }
  ]
})
```

(6) 将路由对象挂载到 Vue 实例上：

```
var vm = new Vue({
    el: '#app',
    render:r=>r(App),
    router // 将路由对象挂载到 vm 上
})
```

(7) 改造 App.vue 组件，在 template 中添加 router-link 和 router-view：

```
<div>
启动组件
<router-link to="/login">登录</router-link>
<router-link to="/register">注册</router-link>
<router-view></router-view>
</div>
```

启动项目，运行结果如图 7-6 所示。

图 7-6

> **注 意**
>
> App 这个组件是通过 Vue 实例的 render 函数渲染出来的。render 函数如果要渲染组件，渲染出来的组件只能放到 el:'#app' 所指定的元素中，也就是 Vue 根节点。render 会把 el 指定的容器中所有的内容都清空。因为我们是单页应用程序，单页就意味着只有一个入口页 index.html，通过 render 把 App 挂载到 index.html 界面中，App 组件就相当于所有其他组件的父组件了。

7.4 结合 webpack 实现 children 子路由

（1）新建目录 views，并在目录下新建组件 "permission.vue"：

```
<div>
   <p>权限管理</p>
   <router-link to="/permission/user">用户管理</router-link>
   <router-link to="/permission/role">角色管理</router-link>
   <router-view></router-view>
</div>
```

（2）views 目录下新建目录 components，components 目录下新建组件 user.vue、role.vue。

（3）修改 App.vue：

```
<router-link to="/permission">权限管理</router-link>
```

（4）修改 main.js：

```
import permission from './views/permission.vue'
……
   { path: '/permission', component: permission ,
    children:[
    { path: 'user', component: () => import('./views/permission/user.vue')},
    { path: 'role', component: () => import('./views/permission/role.vue')}
   ]}
……
```

说　明
在子路由中，如果 path 属性最前面带了/，将直接指向根路径，否则将作为父路由的相对路径。例如：子路由 path 为 user，其实指向的是/permission/user。此外，在这里通过()=>import('组件路径')来引入组件。

运行结果如图 7-7 所示。

图 7-7

7.5 组件中 style 标签 lang 属性和 scoped 属性的介绍

单页应用和多页应用之间有一个很重要的区别，那就是多页应用中，每一个页面之间的样式是相互独立、互不影响的；而单页应用，顾名思义就是只有一个页面，页面中多个组件之间的样式是会共享的，因为它们实际上都是挂载在同一个页面上，通常挂载在入口页面 index.html 上。那么如何避免组件之间的样式冲突，就是单页应用面临的问题了。

这个问题通常有如下两种解决方式，一种是在每一个组件的最外层添加一个唯一的 id 或者 class，然后组件中的样式都写在这个最外层的标记之下。例如：

```
<template>
    <div class="user">
    用户管理
    <span class="head">用户列表</span>
    </div>
</template>

<script>
    export default {

    }
</script>

<style lang="scss">
.user{
    .head{
        color: blue;
    }
}
</style>
```

> **说 明**
>
> 在这里最外层添加了一个 class="user"，组件中其他的样式都写在这个 .user 下。有一个前提，就是保证所有组件的最外层 class 名称要唯一，否则样式还是会冲突。此外，普通的 style 标签只支持普通的样式，如果想要启用 scss 或 less，需要为 style 元素设置 lang 属性。

另一种方式，就是通过在 style 上添加 scoped 作用域标签，无须在最外层添加一个唯一标签。

```
<style lang="scss" scoped>
   .head{
      color: blue;
   }
</style>
```

我们来看一下，添加了 scoped 标签之后，浏览器最终解析的结果。浏览器中按 F12 键审查元素，可以看到在 class="head" 的 span 标准上添加了一个属性 data-v-37055361，37055361 是一串 hash 值，CSS 样式上也添加了属性选择器，这样一来就相当于给组件中每一个样式属性都添加了一个唯一的标识，从而保证在单页应用中不会出现样式冲突。如图 7-8 所示。

```
<span data-v-37055361="" class="head">用户列表</span>
```

```
.head[data-v-37055361] {
   color: ■blue;
}
```

图 7-8

所以，只要我们的 style 标签是在 .vue 组件中定义的，那么推荐都为 style 开启 scoped 属性。没添加 scoped 的样式，就相当于是全局样式。

重写子组件中的样式

假设我们在一个组件中引入了另一个组件，但是又想在引用组件（父组件）中覆盖被引用组件（子组件）中的某个样式，如何实现呢？

由于在默认情况下，我们给每一个组件中的样式都开启了 scoped 属性，所以组件的样式是添加了随机过滤器的，其优先级也比较高。如何解决呢？

有人肯定会说，不怕，咱有万能的!important，管它三七二十一，我们直接给样式添加!important 属性，分分钟搞定。这样虽然能解决问题，但是这样做会带来一些不可预估的严重性问题，所以在实际开发中，通常不到万不得已是不允许随意使用的。

同样有两种常见的方式，一种是添加/deep 标签；另一种就是在父组件中去掉 scoped，最外层加一个唯一的标识。我们来看一个示例。

修改 login 组件，在 login 组件中引入子组件 logo。原来 logo.vue 中：

```
.publish{
   color: red;
}
```

现在在 login.vue 中，我们修改 .publish 样式，为其添加 /deep/ 标签，将原来的红色修改为蓝色。需要注意的是 /deep/ 后面一定要留有空格，否则无效。

```
<template>
   <div>
   登录页面
```

```
    <logo/>
    </div>
</template>

<script>
import logo from '../logo.vue'
    export default {
        components:{
            logo
        }
    }
</script>

<style lang="scss" scoped>
/deep/ .publish{
    color: blue !important;
}
</style>
```

另一种方式是通过给父组件添加唯一标识，并且去掉 scoped 标签。

```
<template>
    <div class="login">
    登录页面
    <logo/>
    </div>
</template>

<script>
import logo from '../logo.vue'
    export default {
        components:{
            logo
        }
    }
</script>
<style lang="scss">
.login{
    .publish{
    color: blue ;
    }
}
</style>
```

最终运行结果如图 7-9 所示。

图 7-9

7.6 抽离路由模块

在实际工作中,我们的路由模块往往十分复杂,如果统统写在 main.js 中,main.js 文件会显得臃肿而难以维护,所以我们需要将整个路由模块全部抽取出来,生成一个独立的文件。

新建 router.js,把代码从 main.js 中移植过来,代码如下:

```js
import VueRouter from 'vue-router'
// 导入 login 和 register 组件
import login from './components/login.vue'
import register from './components/register.vue'
import permission from './views/permission.vue'
// 3. 创建路由对象
var router = new VueRouter({
  routes: [
    { path: '/login', component: login },
    { path: '/register', component: register },
    { path: '/permission', component: permission ,
    children:[
    { path: 'user', component: () => import('./views/permission/user.vue')},
    { path: 'role', component: () => import('./views/permission/role.vue')}
  ]}
  ]
})

export default router
```

> **注 意**
>
> 由于这里用到了 VueRouter，所以要导入 import VueRouter from 'vue-router'，又因为作为独立的模块，所以要采用 ES6 的语法把 VueRouter 对象导出去。

最后修改 mian.js，添加 router.js 的引用。

```
import Vue from 'vue'
// 1. 导入 vue-router 包
import VueRouter from 'vue-router'
// 2. 手动安装 VueRouter
Vue.use(VueRouter)
// 3. 导入 App 组件
import App from './App.vue'
import router from './router'

var vm = new Vue({
   el: '#app',
   render:r=>r(App),
   router // 4. 将路由对象挂载到 vm 上
})
```

第 8 章 webpack中UI组件的使用

本章将会对基于 Vue 应用中使用非常广泛的一些 UI 组件库进行一个简要的介绍，并不会对具体的 UI 组件库做详细的介绍，在这里仅起到一个抛砖引玉的作用。关于 UI 组件库更详细地使用及说明，请移步至相应官网进行学习。

8.1 使用饿了么的 Mint UI 组件

Mint UI 是基于 Vue.js 的移动端组件库。它跟 Bootstrap 是有着本质区别的。理论上，任何项目都可以使用 Bootstrap，但是，Mint UI 只适用于 Vue 项目。Bootstrap 类似于代码片段，而 Mint UI 是一个组件库。

- Github 仓储地址：https://github.com/ElemeFE/mint-ui
- Mint UI 官方文档：http://mint-ui.github.io/#!/zh-cn

（1）安装 Mint UI：

```
npm install mint-ui -S
```

（2）导入 MintUI 组件。

官方提供两种导入组件的方式，分别是引入全部组件和按需引入部分组件。而我们在项目开发中往往只会用到其中的一部分组件，移动端项目对文件大小和性能的要求都是比较苛刻的，所以通常建议采用按需引入组件的方式。

```
// 引入全部组件
import Vue from 'vue';
import Mint from 'mint-ui';
Vue.use(Mint);
// 按需引入部分组件
import { Cell, Checklist } from 'minu-ui';
Vue.component(Cell.name, Cell);
Vue.component(Checklist.name, Checklist);
```

为了演示方便，这里采用引入全部组件的方式。

（3）导入样式表：

```
import 'mint-ui/lib/style.css'
```

（4）在 Vue 中使用 MintUI 中的组件：

```
Vue.use(Mint);
```

8.1.1 button 组件

此处以 button 组件为例，在 App.vue 中添加如下代码：

```
<mt-button type="primary">primary</mt-button>
```

说　明
由于采用全局引入的方式，且 button 组件属于 CSS 组件，所以可以直接使用。

运行结果如图 8-1 所示。

图 8-1

改变颜色，通过 type 属性：

```
<mt-button type="default">灰色</mt-button>
<mt-button type="primary">蓝色</mt-button>
<mt-button type="danger">红色</mt-button>
```

改变大小，通过 size 属性：

```
<mt-button size="small">小</mt-button>
<mt-button size="large">大</mt-button>
<mt-button size="normal">正常</mt-button>
```

禁用按钮：

```
<mt-button disabled>禁用</mt-button>
```

幽灵按钮：

```
<mt-button plain>plain</mt-button>
```

带图标，通过 icon 属性：

```
<mt-button icon="back">返回</mt-button>
<mt-button icon="more">更多</mt-button>
```

自定义图标：

```
<mt-button>
    <img src="./imgs/me.jpg" height="20" width="20" slot="icon">
    带自定义图标
</mt-button>
```

绑定 click 事件：

```
<!-- 绑定 click 事件 -->
<mt-button type="primary" @click="handleClick">点击事件</mt-button>
```

最终运行效果如图 8-2 所示。

图 8-2

Mint UI 组件分为三大类，分别是 CSS 组件、JS 组件、表单组件。所有的 Mint UI 组件都以 mt 开头，组件一般会提供一些配置属性和相关的事件，关于每一个组件的详细使用方式请参考官网的文档。

8.1.2 Toast 组件

接下来演示一下 JS 组件的使用，以 Toast 组件为例。

1. 引入 Toast

```
import { Toast } from 'mint-ui';
```

注　意
JS 组件必须要按需引用。

2. 修改 App.vue 中的代码

```
<template>
   <div>
   <mt-button type="primary" @click="handleClick">primary</mt-button>
   <router-view></router-view>
   </div>
</template>

<script>
import { Toast } from 'mint-ui';
   export default {
```

```
        methods:{
            handleClick(){
            Toast('提示信息');
            }
        }
    }
</script>

<style lang="scss" scoped>

</style>
```

在调用 Toast 时传入一个对象即可配置更多选项，若需在文字上方显示一个 icon 图标，可以将图标的类名作为 iconClass 的值传给 Toast（图标需自行准备）。

在 index.html 首页中，引入样式：

```
<link rel="stylesheet" href="//at.alicdn.com/t/font_1469597443_9221172.css">
```

这个样式哪里来的呢？是我们直接从 http://elemefe.github.io/mint-ui/#/ 中找的，打开这个界面，然后审查元素，看到页面中引入了这个字体样式文件，直接将其复制过来。

修改 App.vue 中代码：

```
Toast({
    message: '操作成功',
    position: 'bottom',
    duration: 5000,
    iconClass: 'indexicon icon-indicator'
});
```

点击按钮，运行结果如图 8-3 所示。

图 8-3

默认会显示 3 秒后消失。

执行 Toast 方法会返回一个 Toast 实例，每个实例都有 close 方法，用于手动关闭 Toast。我们通过一个示例来模拟一个请求，当正在请求时就显示一个消息提示框，当数据加载完毕后再自动关闭这个消息框。

在 App.vue 中添加如下代码：

```
<mt-button type="primary" @click="ajaxClick">获取数据</mt-button>
......
   data() {
       return {
           toastInstanse: null
       }
   },
   methods: {
       ajaxClick() {
           var that = this;
           that.showToast();
           setTimeout(() => {
               that.toastInstanse.close();
           }, 2000);
       },
       showToast() {
           this.toastInstanse = Toast({
               message: '加载中...',
               position: 'top', //显示位置
               duration: -1,// 如果是 -1，则弹出之后不消失
               iconClass: 'indexicon icon-indicator' // 设置的图标类
           });
       },
......
```

duration 表示持续时间（毫秒）。若为 -1，则不会自动关闭。

Toast 方法会返回一个实例，我们将这个实例存储到 data 对象中，然后通过 setTimeout 方法来模拟异步请求。这里需要注意的是，setTimeout 中 this 关键字涉及作用域的问题，我们通过一个临时变量 that 来存储当前的 Vue 实例对象。

8.2 Mint UI 按需导入

运行命令：npm run dev，执行结果如图 8-4 所示。我们发现 bundle.js 比较大，现在是 1.07M，一般在开发阶段可以先不用考虑打包后的大小，在上线之前再对包进行压缩、拆分等处理。

```
Version: webpack 4.30.0
Time: 15666ms
Built at: 2019-05-29 22:30:41
     Asset      Size  Chunks             Chunk Names
 bundle.js   1.07 MiB    main  [emitted]  main
index.html  514 bytes           [emitted]
```

图 8-4

如果希望在开发时就让打包后的体积尽量少一些，那么可以采用按需导入的方式。

借助 babel-plugin-component，我们可以只引入需要的组件，以达到减小项目体积的目的。首先，安装 babel-plugin-component：

```
npm install babel-plugin-component -D
```

然后，将 .babelrc 修改为：

```
{
    "presets": ["env", "stage-0"],
    "plugins": ["transform-runtime",["component", [
      {
        "libraryName": "mint-ui",
        "style": true
      }
    ]]]
}
```

如果只希望引入部分组件，比如前面的示例中只用到了 Button（JS 组件要单独按需引入），那么需要在 main.js 中写入以下内容：

```
// 按需引入部分 Mint-UI 组件
import { Button } from 'mint-ui';
// 使用 Vue.component 注册组件
Vue.component(Button.name, Button);
```

注释掉之前引入全部组件的方式，然后重新运行 npm run dev，运行结果如图 8-5 所示。

图 8-5

现在看到 bundle.js 这个文件的大小变为 810 KB 了，比之前明显小了一些。

8.3 MUI 介绍

MUI，官方称其为最接近原生 APP 体验的高性能前端框架。MUI 官网地址为 http://dev.dcloud.net.cn/mui/。

MUI 不同于 Mint UI，MUI 只是开发出来的一套好用的代码片段，里面提供了配套的样式、配套的 HTML 代码段，类似于 Bootstrap；而 Mint UI 是真正的组件库，是使用 Vue 技术封装出来的成套的组件，可以无缝地与 Vue 项目进行集成开发。因此，从体验上来说，Mint UI 体验更好，因为这是别人帮我们开发好的现成的 Vue 组件；从体验上来说，MUI 和 Bootstrap 类似，理论上，任何项目都可以使用 MUI 或 Bootstrap，但是，Mint UI 只适用于 Vue 项目。通常多页应用更适合用 MUI，因为它封装的 JS 依旧是 DOM 操作，且并没有封装基于 Vue 的组件库，而 Mint UI 更适基于 Vue 的单页应用。

> **注 意**
>
> MUI 不能使用 npm 去下载，需要自己手动在 Github 上下载现成的包，自己解压出来，然后手动复制到项目中使用。也就是说它只能全局引用，即在 index.html 或者 main.js 中引入。

MUI 的 Github 地址为 https://github.com/dcloudio/mui。

我们到 Github 上下载 MUI。下载之后，真正需要关注的只有 dist 和 examples 目录。

dist 目录里面是我们需要引入的一些静态资源包，诸如 JS 库、样式库、字体等。

examples 目录中存放的是 MUI 相关的一些示例，当我们需要用到什么样的效果时，就去相应的示例中复制代码片段。

MUI 官网还提供了 Android 和 iOS 示例的安装包，有一些示例使用到了 5+ 的一些特性，所以在浏览器中无法看到效果，必须安装到手机上才能显示。比如：相机、相册、录音等功能。

关于 MUI 更详细的教程可以参考我的另一本书《H5+移动应用实战开发》。

8.4 MUI 的使用

在项目 src 目录下新建 libs 目录，用于存放所有第三方引用包。在 libs 目录下，新建目录 mui，然后把 MUI 中 dist 目录里面的内容原封不动地复制到 mui 目录中。

在 main.js 中导入 mui 的样式：

```
//导入MUI 样式
import './libs/mui/css/mui.min.css'
```

我们可以根据官方提供的文档和 example，尝试使用相关的组件。

想要使用什么样的样式效果，就去 mui-master\examples\hello-mui\examples 目录下面找相应的示例代码，然后复制过来。假设我们要使用按钮，那么找到 buttons.html 文件，从中复制需要的代码片段即可。

在 App.vue 中引入代码片段：

```
<span class="mui-btn mui-btn-success">绿色</span>
```

可以看到如图 8-6 所示的运行效果。

图 8-6

examples 目录下有三个子目录，分别是：

- hello-mui：官方提供了下载包的演示 Demo。
- login：登录示例。
- nativeTab：原生的底部导航示例。

一些原生的示例，无法直接在浏览器中运行，需要使用 MUI 官方提供的 Hbuilder 开发工具，采用真机调试模式运行，或者可以使用安卓模拟机进行连接。目前官方提供了新一代的开发工具 HbuilderX，HbuilderX 下载地址为 http://www.dcloud.io/hbuilderx.html。

8.5 Vant UI

Vant UI 是有赞公司提供的一套轻量、可靠的移动端 Vue 组件库。

Vant UI 官网为 https://youzan.github.io/vant/#/zh-CN/intro。

它和 Mint UI 类似，都是基于 Vue 的移动端组件库。它有两种安装方式：

（1）通过 npm 安装

```
npm i vant -S
```

（2）手动引入所有组件

Vant 支持一次性导入所有组件，引入所有组件会增加代码包体积，因此不推荐这种做法。

```
//引入 Vant
import Vant from 'vant';
import 'vant/lib/index.css';
Vue.use(Vant);
```

同时它还支持手动按需引入和自动按需引入。具体的使用方式官网都有非常详细的介绍，此处不再赘述。

在实际的开发工程中，对同一移动端应用，我们通常只会选择一套 UI 框架作为主体，然后在这套 UI 框架上进行修改和扩展。不建议多套 UI 组件库同时在一个应用中使用，因为它们大多数组件的功能都是相同的，会造成不必要的冗余。

8.6 Element UI

Element UI 是由饿了么公司推出的一套为开发者、设计师和产品经理准备的基于 Vue 2.0 的桌面端组件库。同时，它也是目前国内 PC 端 Web 项目中应用最为广泛的 Vue UI 框架之一。

Element UI 官网地址为 https://element.eleme.cn/。

Element UI 推荐使用 npm 的方式安装，它能更好地与 webpack 打包工具配合使用。

```
npm i element-ui -S
```

8.6.1 引入 Element

你可以引入整个 Element，或是根据需要仅引入部分组件。通常为了方便，我们直接引入整个 Element。

在 main.js 中写入以下内容：

```
import ElementUI from 'element-ui'
import 'element-ui/lib/theme-chalk/index.css'
```

以上代码便完成了 Element 的引入。需要注意的是，样式文件需要单独引入。

8.6.2 Element 常见应用场景及解决方案

关于 Element 各个组件的详细介绍和使用请参照官网地址：https://element.eleme.cn/。本书将不对此部分内容进行介绍，仅对使用过程中一些常见的问题或者需要注意的地方进行讲解。

1. 弹窗中有子弹窗时

举例：假设在工单列表中点击"详情"按钮，会打开详情弹窗，在详情弹窗中又有一个"派工"按钮，将会打开派工界面。

我们看一下列表页中详情弹窗的调用代码：

```
<!-- 详情 -->
<el-dialog
    v-dialogDrag
    title="工单详情"
    :modal-append-to-body="false"
    :close-on-click-modal="false"
    :visible.sync="showDetailWin"
    width="680px"
>
    <Detail
      v-if="showDetailWin"
      @onHide="hideDetailWin"
      :curBill="curBill"
      @submitDetail="getItemList"
      :showDetailDispatchingBtn="showDetailDispatchingBtn"
    ></Detail>
</el-dialog>
```

再看一下详情弹窗中调用子弹窗页面，在 el-dialog 中新增了一个 apped-to-body 属性，如果不添加这个属性，那么在关闭派工界面的时候，遮住将不会消失，如图 8-7 所示。

```
<!-- 派工/转单 -->
<el-dialog
  v-dialogDrag
  title="选择执行人员"
  append-to-body
  :modal-append-to-body="false"
  :close-on-click-modal="false"
  :visible.sync="showDispatchingWin"
  width="720px"
>
  <select-user
    :handleType="handleType"
    @onHide="hideDispatchinglWin"
    @submitForm="submitDispatching"
    :changeTag="changeTag"
  ></select-user>
</el-dialog>
```

图 8-7

append-to-body 表示 Dialog 自身是否插入至 body 元素上。嵌套的 Dialog 必须指定该属性并赋值为 true，默认值为 false。

2. Dropdown 下拉菜单样式修改

下拉菜单的默认样式如图 8-8 所示。

图 8-8

如果只想在某一个界面修改下拉菜单，样式如图 8-9 所示。

图 8-9

浏览器中审查元素，如图 8-10 所示。

```
<div id="app">…</div>
<script type="text/javascript" src="/app.js"></script>
<ul data-v-65e9a9a7 class="el-dropdown-menu el-popper el-dropdown-menu--small" id="dropdown-menu-1112"
bottom-end"> == $0
  <li data-v-65e9a9a7 tabindex="-1" class="el-dropdown-menu__item">…</li>
  <li data-v-65e9a9a7 tabindex="-1" class="el-dropdown-menu__item el-dropdown-menu__item--divided">…</
  <div x-arrow class="popper__arrow" style="left: 30.8828px;">…</div>
```

图 8-10

我们看到这个下拉组件生成的 DOM 节点是在 body 根目录下的,它和<div id="app">是同级,而界面中所有的组件页面都是挂载在 id="app"这个节点下面的,这个组件比较奇特的地方是它会生成一个 id 属性,我们看到上面它生成了 id="dropdown-menu-1112",是不是意味着这个就是它的唯一标识?我们是否可以通过 CSS 的 id 选择器来全局重写这个样式呢?其实是不可以的,因为这个 id 值是随时在变的。

那么如何只在当前组件页面中修改这个下拉组件的样式呢?

首先要在 style 上添加 scoped,表示这些 CSS 样式都是局部样式,其次通过 /deep/ 和 !important 强制覆盖组件原有的样式。

```scss
<style lang="scss" scoped>
$backgroundColor: rgba(19, 87, 134, 1) !important;
.el-dropdown {
  line-height: normal;
}
.el-dropdown-menu.el-popper {
  top: 60px !important;
  background: $backgroundColor;
  border: 1px solid rgba(103, 203, 255, 0.6);
  box-shadow: 0px 2px 6px 0px rgba(0, 75, 151, 0.36);
}
.el-dropdown-menu__item {
  color: #ffffff;
}
.el-dropdown-menu__item--divided:before {
  border-top: 1px solid #276a97;
  background-color: #135786;
}
.el-dropdown-menu__item--divided {
  border-top: none;
}
/deep/ .popper__arrow {
  border-bottom-color: rgba(103, 203, 255, 1) !important;
}
/deep/ .popper__arrow::after {
  border-bottom-color: #135786 !important;
```

```
}
/deep/ .top-tooltip.el-tooltip__popper[x-placement^='bottom'] .popper__arrow {
  border-bottom-color: $backgroundColor;
}
/deep/
 .top-tooltip.el-tooltip__popper[x-placement^='bottom']
 .popper__arrow:after {
  border-bottom-color: $backgroundColor;
}
/deep/ .top-tooltip {
  background: $backgroundColor;
}
```

3. 共用新增/编辑弹出框表单

在一些场景下，我们的新增界面和编辑界面基本一致，界面业务逻辑也一致，此时，可以考虑将新增页面与编辑页面统一使用一个页面，然后根据传入唯一主键标识参数，如 id 来判断此时是新增还是编辑，新增时，id 不存在，编辑时 id 有值。

调用弹窗的页面代码：

```
<!-- 新增/编辑 -->
<el-dialog
    v-dialogDrag
    :title="AddEditTitle"
    :modal-append-to-body="false"
    :close-on-click-modal="false"
    :visible.sync="showAddEditWin"
    width="680px"
    custom-class="add-standard"
>
    <add-edit-standard
      v-if="showAddEditWin"
      @onHide="showAddEditWin=false"
      @submitForm="submitAddEdit"
      :id="selectedId"
    ></add-edit-standard>
</el-dialog>
```

> **注 意**
>
> 此处使用 v-if="showAddEditWin" 来控制每次打开弹窗时，都将重新加载子组件 add-edit-standard，此时每次打开弹窗，子组件中的 created 方法都将执行一次，而且即便表单中有表单验证，也不需要将表单验证进行重置。缺点是：由于每次子组件都重写渲染，性能相对较差。

新增/编辑页面代码：

```
created () {
  if (this.id) {
    this.getDetail(this.id); // 根据 ID 后台获取详情数据
  }
  //界面加载初始化代码
  ……
},
methods: {
  //提交
  submitForm () {
    this.$refs['ruleForm'].validate((valid) => {
      if (valid) {
        this.$emit("submitForm", this.ruleForm);
      } else {
        console.log('error submit!!');
        return false;
      }
    });
  },
  //关闭
  isHide () {
    this.$emit("onHide")
  },
……
```

4. 弹窗表单验证

在上一节中提到过直接通过 v-if 简单粗暴地重新渲染弹窗中的组件。如果不想重新渲染组件页面，而只是想重新加载数据应该如何处理？

我们来看一下调用弹窗界面代码，这里将打开一个派工页面：

```
<!-- 派工/转单 -->
<el-dialog
    v-dialogDrag
    title="选择执行人员"
    :modal-append-to-body="false"
    :close-on-click-modal="false"
    :visible.sync="showDispatchingWin"
    width="720px"
>
    <select-user
      :handleType="handleType"
      @onHide="hideDispatchinglWin"
```

```
        @submitForm="submitDispatching"
        :changeTag="changeTag"
        :haveAudit="haveAudit"
    ></select-user>
</el-dialog>
```

派工界面预览如图 8-11 所示。

图 8-11

派工页面代码:

```
<el-table
    v-loading="loading"
    ref="Table"
    border
    :data="userTableData"
    style="width: 100%"
    height="400px"
    @selection-change="changeFun"
    @current-change="currentChange"
    >
......
export default {
 props: {
```

```js
      //变化标志
      changeTag: {
        type: String,
        default: ''
      },
      //操作类型：1：派工；2：转单
      handleType: {
        type: Number,
        default: 1
      },
      haveAudit: {
        type: Boolean,
        default: false
      }
    },
    watch: {
      changeTag (val) {
        this.initData();
      }
    },
    data () {
      return {
        loading: false,
        ruleForm: { msg: '' },
        rules: {
          msg: [
            { required: true, message: '请输入转单原因', trigger: 'blur' },
            { min: 2, max: 50, message: '长度在 2 到 50 个字符', trigger: 'blur' }
          ]
        },
        multipleSelection: [], //所有选中行
        userTableData: []
      }
    },
    computed: {
      shopNumber () {
        return this.$store.getters.shopNumber;
      },
      //显示表格
      showDatatable () {
        return (this.handleType == 2 && this.haveAudit) || this.handleType == 1;
      }
    },
    created () {
      this.initData();
    },
    methods: {
```

```js
//初始化数据
initData () {
  ……
},
//确定
submitForm () {
  if (this.showDatatable && this.multipleSelection.length == 0) {
    this.$message({
      message: '请选择人员！',
      type: 'warning',
      duration: this.$baseConfig.messageDuration
    });
    return;
  }
  let user = this.multipleSelection.length > 0 ? this.multipleSelection[0] : null;
  let item = { user: user, ruleForm: this.ruleForm };
  if (this.handleType == 1) { //派工
    this.$emit("submitForm", item);
  } else { //转单
    this.$refs['ruleForm'].validate((valid) => {
      if (valid) {
        this.$emit("submitForm", item);
        // 点击关闭数据重置
        if (this.handleType == 2) {
          this.$refs.ruleForm.resetFields();
        }
      }
    });
  }
},
//关闭
isHide () {
  if (this.handleType == 2) {
    this.$refs.ruleForm.resetFields();
  }
  this.$emit("onHide");
},
//复选框状态改变
changeFun (val) {
  if (val.length > 1) {
    this.$refs.Table.clearSelection();
    let curItme = val.pop();
    this.multipleSelection = [curItme];
    this.$refs.Table.toggleRowSelection(curItme)
  } else {
    this.multipleSelection = val;
```

```
      }
    },
    //点击table一列的任意位置就勾选上
    currentChange (val) {
      this.$refs.Table.toggleRowSelection(val);
      this.multipleSelection = [val];
    }
  }
}
```

在上述代码中，不管是点击"确定"按钮还是"取消"按钮，最终我们都调用了 this.$refs.ruleForm.resetFields();这一行代码来重置表单的验证。同时通过 watch 一个传入过来的参数标识 changeTag，来控制界面数据的重新加载。在 created 中调用方法 initData 对数据进行初始化加载，由于弹窗是复用的，所以只要一直停留在调用弹窗页面，这个 created 函数只执行一次，每次打开弹窗，我们都更新这个参数标识 changeTag，这样一来，派工组件一监听到这个参数标识变化了，就会重新加载数据。

思考：为什么此处用的是 changeTag，而不是主键 ID？

如果用的是主键 ID，在当前页面点击同一行数据，它是不会再重新加载的，而此处我们的数据（假设是工单数据），可能不同时间段是不一样的，比如说：工单的状态。所以是每次点击弹窗都重新加载数据，还是根据主键是否变化来更新数据，最好是要根据我们的业务场景来定。如果是不会变化的数据可以用主键 ID；如果是可能会随时变化的数据，为了保证数据的实时性，最好每一次点击都重新加载数据。

第 9 章 移动图书商城

本章将通过一个移动端的小项目来将前面学到的知识进行融会贯通，为了让大家更清楚 webpack 项目的细节，这里并没有采用一些 webpack 脚手架来根据模板自动生成项目，当然实际工作中，更多的场景下可能会使用一些成熟的 webpack 项目模板来进行框架的搭建。在实际工作中，项目的需求往往是复杂而多变的，所以书中不可能把各种应用场景都涉及，我们仅以一部分应用场景为例，利用前面所学的知识去解决这些问题，并学会举一反三，不断总结和思考。

新建目录 book-shop，从第 8 章复制 webpack-ui 目录下的所有文件（node_modules 目录除外）。

在 book-shop 目录下运行 npm i，安装相应的依赖包，安装包过程中如果遇到出现 npm 相关的警告信息，可以先不管它。警告信息都是 npm WARN…开头。

执行 npm run dev，运行项目，如果能正常运行，就说明已经安装好了依赖包，配置好了项目环境。

9.1 mockjs 介绍

为了更好地实现前后端分离开发，我们可以使用 mockjs 来 mock 数据。关于 mockjs，官网描述的是：

- 前后端分离。
- 不需要修改既有代码，就可以拦截 Ajax 请求，返回模拟的响应数据。
- 数据类型丰富。
- 通过随机数据，模拟各种场景。

在后端接口还没有开发完成之前，前端可以根据已有的接口文档，在真实的请求上拦截 ajax 请求，并根据 mockjs 的 mock 数据的规则，模拟真实接口返回的数据，并将随机的模拟数据返回，完成相应的数据交互处理，这样真正实现了前后台的分离开发。

与以往的自己模拟的假数据不同，mockjs 可以带给我们的是：在后台接口未开发完成之前模拟数据，并返回，完成前台的交互；在后台数据完成之后，我们只需要去掉 mockjs 即可。

（1）安装 mockjs：

```
npm install mockjs --save-dev
```

（2）在 src 目录下新建 mock.js 文件，并添加如下代码：

```
// 引入mockjs
const Mock = require('mockjs');
const swiperSlidesData={code:'200',data:[{
    id: 1,
    img_url: '/imgs/sliders/1.bmp'
}, {
    id: 2,
    img_url: '/imgs/sliders/2.png'
}, {
    id: 3,
    img_url: require('../../imgs/me.jpg')
}]
};
//获取首页侧滑导航数据
Mock.mock('/homePage/sildes', 'get', swiperSlidesData);
```

(3) 在 main.js 中引入 mockjs：

```
// 引入mockjs
require('./mock.js')
```

9.2　App 首页设计

先来看一下首页的运行效果，如图 9-1 所示。

图 9-1

如上图所示，首页分为顶部，底部和中间内容部分，内容部分上面是一个轮播图，下面是一个九宫格。

（1）头部的固定导航栏，此处使用 Mint-UI 的 Header 组件

当我们做东西的时候，要养成一个好的习惯，那就是优先使用网上已有的"轮子"，如果没有，可以询问下同事有没有类似的东西，再没有，才自己去造"轮子"。这样可以提高开发效率。

（2）底部的页签使用 mui 的 tabbar

因为 Mint-UI 中的 Tabbar 组件长得太丑，MUI 中的 Tabbar 组件很漂亮，那么就用 MUI 中的。

9.3 使用阿里巴巴矢量库

进入阿里巴巴矢量库官网：https://www.iconfont.cn/，假设我需要"首页"图标，可以直接在搜索框中输入"首页"，然后按回车键，如图 9-2 所示。

图 9-2

点击购物车图标，将需要的图标添加到购物车，我们可以一次性把需要的图片都添加到购物车中，如图 9-3 所示。

图 9-3

然后点击购物车图标，可以把购物车中的图标，添加到指定的项目中去。如果没有项目，可以自己新建一个项目，如图 9-4 所示。

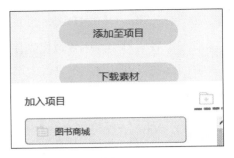

图 9-4

这里新建一个项目"图书商城",然后进入到"图书商城"项目中,可以看到购物车中的图标已经添加到本项目中来了,还可以继续去查找新图标,先添加到购物车,然后再添加到本项目中。我们还可以对项目中的图标进行修改,诸如修改其名称、大小以及位置等信息,也可以从项目中移除图标。当所有的图标都已经添加完成之后,有两种方式来使用它们,一种是直接下载,然后把下载文件引入到当前项目中去;另一种是直接生产在线代码,在线代码有三种生成方式,分别是 Unicode、Font class 和 Symbol,在这里我们推荐使用 Font class,因为一方面容易识别和使用;另一方面项目中暂时没有用到多色图标。

Unicode、Font class 和 Symbol 的区别

Unicode 是字体在网页端最原始的应用方式,特点如下:

- 兼容性最好,支持 IE6+,以及所有现代浏览器。
- 支持按字体的方式去动态调整图标大小、颜色等。
- 但是因为是字体,所以不支持多色。只能使用平台里单色的图标,就算项目里有多色图标也会自动去色。

> **注 意**
>
> 新版 iconfont 支持多色图标,这些多色图标在 Unicode 模式下将不能使用,如果有需求建议使用 symbol 的引用方式。

Font-class 是 Unicode 使用方式的一种变种,主要是解决 Unicode 书写不直观,语意不明确的问题。与 Unicode 使用方式相比,具有如下特点:

- 兼容性良好,支持 IE8+,以及所有现代浏览器。
- 相比于 Unicode 语意明确,书写更直观。可以很容易分辨这个 icon 是什么。
- 因为使用 class 来定义图标,所以当要替换图标时,只需要修改 class 里面的 Unicode 引用。
- 不过因为本质上还是使用的字体,所以多色图标还是不支持的。

Symbol 是一种全新的使用方式,应该说这才是未来的主流,也是平台目前推荐的用法。相关介绍可以百度,这种用法其实是做了一个 svg 的集合,与另外两种相比具有如下特点:

- 支持多色图标了，不再受单色限制。
- 通过一些技巧，支持像字体那样，通过 font-size、color 来调整样式。
- 兼容性较差，支持 IE9+，以及现代浏览器。
- 浏览器渲染 svg 的性能一般，还不如 png。

点击 Font class 选项卡，如果是第一次点击，这里会显示"暂无代码，点此生成"字样，如果已经生成过了，就会显示"点击更新代码……"字样。点击这行红色字体，就会自动生成在线代码，这里生成的代码是：

//at.alicdn.com/t/font_1237668_z5lgjzbcgh.css。

需要注意的是，每次更新了项目图标，重新生成之后，这个生成的代码都会发生变化。如图 9-5 所示。

图 9-5

最后，将生成的代码复制到 index.html 界面中：

```
<link rel="stylesheet"
href="//at.alicdn.com/t/font_1237668_z5lgjzbcgh.css">
```

在 vue 文件中使用的时候，直接通过 class="iconfont icon-图标名称"来使用图片，如果想要修改图标的颜色或者大小，可以额外设置 CSS 样式分别对应 color、font-size 属性。

```
<span class="iconfont icon-home"></span>
```

9.4 App.vue 组件的基本设置

顶的固定导航栏使用 Mint-UI 的 Header 组件。

底部的页签使用 MUI 的 tabbar 代码块。先在 main.js 中导入 MUI 样式：

```
//导入MUI样式
import './libs/mui/css/mui.min.css'
```

然后去 MUI 源码目录 mui\examples\hello-mui\examples 中找到 tabbar.html 文件，复制里面的代码到 App.vue 中：

```
<nav class="mui-bar mui-bar-tab">
        <a class="mui-tab-item mui-active" href="#tabbar">
            <span class="mui-icon mui-icon-home"></span>
            <span class="mui-tab-label">首页</span>
        </a>
        <a class="mui-tab-item" href="#tabbar-with-chat">
            <span class="mui-icon mui-icon-email">
              <span class="mui-badge">9</span>
            </span>
            <span class="mui-tab-label">消息</span>
        </a>
        <a class="mui-tab-item" href="#tabbar-with-contact">
            <span class="mui-icon mui-icon-contact"></span>
            <span class="mui-tab-label">通讯录</span>
        </a>
        <a class="mui-tab-item" href="#tabbar-with-map">
            <span class="mui-icon mui-icon-gear"></span>
            <span class="mui-tab-label">设置</span>
        </a>
</nav>
```

9.4.1 设置路由激活时高亮的两种方式

（1）全局设置样式如下：

```
.router-link-active{
    color:lightblue !important;
}
```

说 明
路由激活时，默认会添加 class 名 "router-link-active"。

(2) 在 new VueRouter 的时候，通过 linkActiveClass 来指定高亮的类：

```
var router = new VueRouter({
  linkActiveClass: 'mui-active', // 覆盖默认的路由高亮的类，默认的类叫作 router-link-active
......
```

说　明
也可以自定义激活类名。

9.4.2　实现 tabbar 页签不同组件页面的切换

（1）将底部的页签 tabbar 改造成 router-link 形式，并指定每个连接的 to 属性，以便进行单页切换：

```html
<nav class="mui-bar mui-bar-tab">
    <router-link class="mui-tab-item" to="/home">
        <span class="mui-icon iconfont icon-home"></span>
        <span class="mui-tab-label">首页</span>
    </router-link>
    <router-link class="mui-tab-item" to="/order">
        <span class="mui-icon iconfont icon-dingdan"></span>
        <span class="mui-tab-label">订单</span>
    </router-link>
    <router-link class="mui-tab-item" to="/shopcar">
        <span class="mui-icon iconfont icon-gouwuche">
          <span class="mui-badge">0</span>
         </span>
        <span class="mui-tab-label">购物车</span>
    </router-link>
    <router-link class="mui-tab-item" to="/my">
        <span class="mui-icon iconfont icon-me"></span>
        <span class="mui-tab-label">我的</span>
    </router-link>
</nav>
```

（2）新建"components/nav"目录，然后分别新建如下几个组件，HomeContainer.vue、MyContainer.vue、OrderContainer.vue、ShopcarContainer.vue。

（3）导入需要展示的组件，并创建路由对象。考虑到路由对象会比较多，我们单独创建一个 router.js 文件来存放。

```
// 1. 导入 App 组件
import VueRouter from 'vue-router'
// 2. 导入 login 和 register 组件
```

```
// 3. 创建路由对象
var router = new VueRouter({
  linkActiveClass:'mui-active',// 覆盖默认的路由高亮的类,默认的类叫作 router-link-active
  routes: [
    { path: '/home', component: () =>
      import('./components/nav/HomeContainer.vue'),meta: {title: '首页'}},
    { path: '/order', component: () =>
      import('./components/nav/OrderContainer.vue'),meta: {title: '订单'}},
    { path: '/shopcar', component: () =>
      import('./components/nav/ShopcarContainer.vue'),meta: {title: '购物车'}},
    { path: '/my', component: () =>
      import('./components/nav/MyContainer.vue'),meta: {title: '我的'}},
  ],
})

export default router
```

(4) 在 main.js 中导入路由对象:

```
import router from './router'
```

(5) 将路由对象挂载到 Vue 对象中:

```
var vm = new Vue({
   el: '#app',
   render:r=>r(App),
   router // 4. 将路由对象挂载到 vm 上
})
```

运行效果如图 9-6 所示。

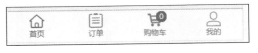

图 9-6

9.4.3 路由切换添加过渡效果

现在已经可以点击底部导航进行页面切换了,但是我们发现页面切换起来很生硬,为了让操作显得更加流畅,可以添加过渡效果。在前面的章节已经对过渡效果的使用做了详细讲解,这里通过使用过渡类名来实现过渡效果,本示例为右进左出的过渡效果。

(1) 添加如下 CSS 代码:

```
/* 定义进入过渡的开始状态和离开过渡的结束状态 */
.fade-enter {
  opacity: 0;
  transform: translateX(100%);
```

```
}
.fade-leave-to {
 opacity: 0;
 transform: translateX(-100%);
 position: absolute;
}
/* 定义进入和离开时候的过渡状态 */
.fade-enter-active,
.fade-leave-active {
    transition: all 0.5s ease;
}
```

（2）使用 transition 包裹 router-view：

```
<transition name="fade">
  <div class="mui-content">
    <router-view></router-view>
  </div>
</transition>
```

在所有的路由页面之外添加了一个 div 容器，并设置 class 为 mui-content，设置 CSS 样式：

```
.mui-content {
 position: absolute;
 left: 0px;
 right: 0px;
 top: 40px;
 bottom: 50px;
 overflow-y: auto;
 overflow-x:hidden;
}
```

9.5 首页轮播图

要实现轮播图效果，我们既可以使用 Mint UI 中的 Swipe 组件。

如果全局引入了 Mint UI，那么就可以直接使用了。如果只需要按需引入的话，加上下面这几句引入 swiper 和 swiper-item 就可以了：

```
import { Swipe, SwipeItem } from 'mint-ui';
Vue.component(Swipe.name, Swipe);
Vue.component(SwipeItem.name, SwipeItem);
```

为了方便演示，这里全局引入了 Mint UI。首页对应的是 HomeContainer.vue 组件，在这个组件中添加如下的代码：

```
<div>
   <mt-swipe :auto="4000">
      <mt-swipe-item v-for="(slide,index) in swiperSlides" :key="index"><img :src="slide.img_url"/></mt-swipe-item>
   </mt-swipe>
</div>
```

准备 2 张以上图片，注意图片所存放的位置，这里放到了 imgs 下面的 sliders 目录，我们再故意从 src/imgs 中取一张图片。

```
export default {
   data() {
      return {
         swiperSlides: [{
            id: 1,
            img_url: '/imgs/sliders/1.bmp'
         }, {
            id: 2,
            img_url: '/imgs/sliders/2.png'
         }, {
            id: 3,
            img_url: '../../imgs/me.jpg'
         }]
      }
   }
}
```

然后运行项目，我们发现界面一片空白。遇到此类情况，第一反应就是在浏览器中按 F12 键，进入开发者模式，然后查看控制台是否报错。如果没有报错，再查看 Elements，查看 DOM 节点，我们发现已经添加 DOM 结构上去了，如图 9-7 所示。

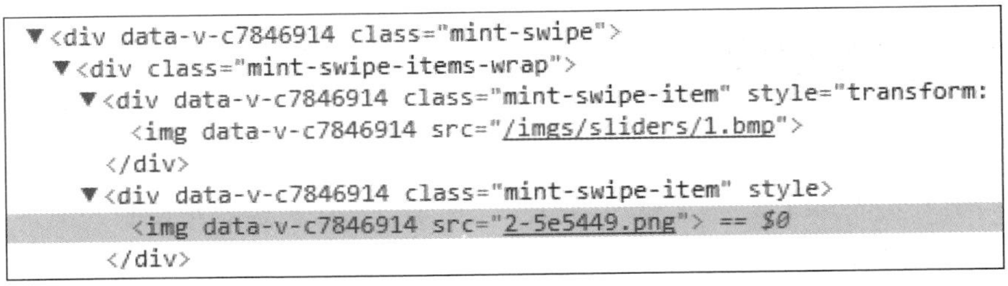

```
▼<div data-v-c7846914 class="mint-swipe">
  ▼<div class="mint-swipe-items-wrap">
    ▼<div data-v-c7846914 class="mint-swipe-item" style="transform:
       <img data-v-c7846914 src="/imgs/sliders/1.bmp">
      </div>
    ▼<div data-v-c7846914 class="mint-swipe-item" style>
       <img data-v-c7846914 src="2-5e5449.png"> == $0
      </div>
```

图 9-7

接下来，由外而内去查看这些 DOM 节点的样式。首先查看 .mint-swipe 的样式如图 9-8 所示。

```
.mint-swipe {
  overflow: ▶ hidden;
  position: relative;
  height: 100%;
}
```

图 9-8

height 属性是 100%，而其父节点元素的 height 高度未指定，默认是 0，所以，.mint-swipe 的高度也为 0，我们通过样式为其指定高度。

```
<style lang="scss" scoped>
.mint-swipe{
   height: 218px;
}
</style>
```

此时，再到浏览器中查看，就可以看到图片已经可以正常轮播了，但是由于图片的大小和手机的屏幕的宽度以及.mint-swipe 的高度不一致，所以显示会不好看。我们可以来指定图片的高度 100%，也就是撑满如容器.mint-swipe，和其高度保持一致；而宽度，考虑到不同类型的手机宽度会不一致，如果强行 100%撑满，可能会不好看，所以让图片保留其原来宽度，然后对轮播的图片进行处理，让轮播的图片宽度保持一致，最后再让图片水平居中显示，并给所有轮播项指定一个背景颜色。

如果要对子组件默认的样式进行重写，可以通过在样式前面添加/deep/关键字。需要注意的是/deep/后面一定要留空格，否则无效。

对样式进行修改：

```
<style lang="scss" scoped>
.mint-swipe {
   height: 220px;
   .mint-swipe-items-wrap {
      img {
         height: 100%;
      }
      .mint-swipe-item {
         text-align: center;
         background-color: white;
      }
   }
   /deep/ .mint-swipe-indicator.is-active {
      background: #26a2ff;
   }
   /deep/ .mint-swipe-indicator{
     opacity: 1;
     background: wheat;
```

```
    }
}
</style>
```

因为我们的样式添加了 scoped 标签，所以如果想要覆盖页面中引入的子组件中的样式，必须通过/deep/关键字。或者去掉 scoped 标签，然后添加一个项目中全局唯一的父 class，再把需要重写的样式写在这个父 class 里面，从而避免样式进行全局污染。

最终运行结果如图 9-9 所示。

图 9-9

我们发现前面两张图片已经可以正常显示了，但是最后一张从 imgs 中取的图片，无法正常显示。

修改 data、swiperSlides 中第三条数据中的图片需要通过 require('图片相对路径')来处理，这样的话会通过 file-loader 处理并返回处理过的 url 路径。

```
{
    id: 3,
    img_url: require('../../imgs/me.jpg')
}
```

此时，第三张图片就可以正常显示了。前面两张的写法是错误的，虽然现在在开发模式下可以正常显示，一旦 build 到生产环境就显示不了了。

什么是 base64 编码?

图片的 base64 编码就是可以将一幅图片数据编码成一串字符串，使用该字符串代替图像地址。

这样做有什么意义呢？我们所看到的网页上的每一个图片，都是需要消耗一个 HTTP 请求下载而来的，所有才有了 CSSSprites 技术的应运而生，但是 CSSSprites 有自身的局限性，它为了减少 HTTP 请求，而将页面中许多细小的图片合并为一张大图，最终它还是会下载这张大图。

所以，不管如何，图片的下载始终都要向服务器发出请求，要是图片的下载不用向服务器发出请求，而可以随着 HTML 的下载同时下载到本地那就太好了，而 base64 正好能解决这个问题。

然而，使用 base64 不代表性能优化，因为图片被编码之后，生成的字符串编码大小一般而言都会比原文件稍大一些。即便 base64 编码能够被 gzip 压缩，压缩率能达到 50%以上也无济于事。使用 base64 的好处是能够减少一个图片的 HTTP 请求，然而，与之同时付出的代价是 CSS 文件体积的增大。

而 CSS 文件体积的增大意味着什么呢？意味着 CRP 的阻塞。CRP（Critical Rendering Path，关键渲染路径）：当浏览器从服务器接收到一个 HTML 页面请求时，到屏幕上渲染出来要经过很多个步骤。浏览器完成这一系列的运行，或者说渲染出来我们常常称之为"关键渲染路径"。

通俗而言，就是图片不会导致关键渲染路径的阻塞，而转化为 base64 的图片大大增加了 CSS 文件的体积，CSS 文件的体积直接影响渲染，导致用户会长时间注视空白屏幕。HTML 和 CSS 会阻塞渲染，而图片不会。

base64 跟 CSS 混在一起，大大增加了浏览器需要解析 CSS 树的耗时。而且最重要的是，增加的解析时间全部都在关键渲染路径上。当我们需要使用到 base64 技术的时候，一定要有取舍地进行使用。

9.6 首页九宫格

从 MUI 源码中，找到 "mui/examples/hello-mui/examples/grid-default.html" 这个文件，从中复制代码过来，复制<ul class="mui-table-view mui-grid-view mui-grid-9">中的代码过来。复制过来之后，我们要修改页面样式。

改造之后的 HTML 代码如下：

```
<ul class="mui-table-view mui-grid-view mui-grid-9">
    <li class="mui-table-view-cell mui-media mui-col-xs-4 mui-col-sm-3"
      v-for="(item,index) in gridData" :key="index">
      <a :href="item.url">
        <div class="item" :class="item.color">
           <span class="mui-icon" :class="item.icon"></span>
        </div>
        <div class="mui-media-body">{{item.title}}</div>
      </a>
    </li>
```

```
</ul>
```

data:

```
gridData: [{
            color: 'yellow',
            title: '全部分类',
            icon:'iconfont icon-fenlei',
            url:'#',
        },
        {
           color: 'red',
           title: '编程书籍',
           icon:'iconfont icon-programmingwindo',
           url:'#',
        },
         {
           color: 'lightgreen',
           title: '拼团抢购',
           icon:'iconfont icon-gouwuche',
           url:'#',
        },
        {
           color: 'green',
           title: '领券中心',
           icon:'iconfont icon-lingquanzhongxin',
           url:'#',
        },
        {
           color: 'purple',
           title: '我的足迹',
           icon:'iconfont icon-zuji',
           url:'#',
        },
        {
           color: 'blue',
           title: '留言反馈',
           icon:'iconfont icon-liuyan',
           url:'#',
        },
        {
           color: 'orange',
           title: '联系我们',
           icon:'iconfont icon-lianxiwomen-copy',
```

```
                url:'#',
            },
]
```

CSS 样式：

```css
.mui-media {
    .mui-icon {
        font-size: 2em;
        color: white;
        vertical-align: middle;
        display: table-cell;
    }
    .yellow {
        background-color: #F5DE42;
    }
    .red {
        background-color: #E87071;
    }
    .green {
        background-color: #C5CC71;
    }
    .purple {
        background-color: #6F8FE4;
    }
    .blue {
        background-color: #64B7FB;
    }
    .orange {
        background-color: #FEC752;
    }
    .lightgreen {
        background-color: #BADA4B;
    }
}
```

界面运行效果如图 9-10 所示。

图 9-10

9.7 图书分类组件

接下来开发图书分类界面。图书分类界面是一个图文列表，考虑到 MUI 中有类似的功能界面，我们可以从 MUI 中复制代码片段过来使用，文件代码位置：mui/examples/hello-mui/examples/media-list.html。

(1) 新建目录 views/books，并新建文件"BookCategory.vue"。
(2) 修改路由配置文件 router.js，添加如下配置：

```
{
    path: "/book-category",
    component: () => import("./views/books/BookCategory.vue"),
    meta: { title: "商品分类" }
},
```

(3) 改造路由链接，修改文件"HomeContainer.vue"，将超级链接改为 router-link：

```
<ul class="mui-table-view mui-grid-view mui-grid-9">
    <li class="mui-table-view-cell mui-media mui-col-xs-4 mui-col-sm-3" v-for="(item,index) in gridData" :key="index">
        <router-link :to="item.url">
```

(4) 安装并引入 axios，运行命令 npm install axios，在 main.js 中添加如下代码：

```
import axios from 'axios'
Vue.prototype.$axios=axios;
```

(5) .mock 数据，在 mock.js 中添加如下代码：

```
const getBookCategorylist = {
    code: "200",
```

```
    data: [
      {
        id: 1,
        img_url: require("./imgs/book/c1.jpg"),
        title: "青春文学",
        msg: " 影视写真、穿越/重生/架空、玄幻/新武侠/魔幻/科幻"
      },
      {
        id: 2,
        img_url: require("./imgs/book/c2.jpg"),
        title: "软件编程",
        msg: " C#、PHP、Java、Android、iOS"
      }
    ]
  };
//获取图书分类数据
Mock.mock("/book/getAllCategory", "get", getBookCategorylist);
```

（6）改造图书分类组件"BookCategory.vue"：

```
<template>
  <div>
    <ul class="mui-table-view">
      <li class="mui-table-view-cell mui-media" v-for="item in
        bookCategorylist" :key="item.id">
        <router-link :to="'/home/newsinfo/' + item.id">
          <img class="mui-media-object mui-pull-left" :src="item.img_url">
          <div class="mui-media-body">
            <h1>{{ item.title }}</h1>
            <p class="mui-ellipsis">
              <span>{{item.msg}}</span>
            </p>
          </div>
        </router-link>
      </li>
    </ul>
  </div>
</template>

<script>
export default {
  data() {
    return {
      bookCategorylist: []
    };
  },
  created() {
    this.initData();
  },
  methods: {
    initData() {
```

```
        this.$axios.get("/book/getAllCategory").then(res => {
            if(res.data.code=='200'){
                this.bookCategorylist=res.data.data;
            }
        });
      }
    }
};
</script>

<style lang="scss" scoped>
.mui-table-view {
  li {
    h1 {
      font-size: 14px;
    }
    .mui-ellipsis {
      font-size: 12px;
      color: #26a2ff;
      display: flex;
      justify-content: space-between;
    }
  }
}
</style>
```

（7）运行结果如图 9-11 所示。

图 9-11

9.8 制作顶部滑动导航

在制作顶部滑动导航功能之前，我们先开始如下操作步骤。

步骤 01 改造"编程书籍"按钮为路由的链接，并显示对应的组件页面。

修改"HomeContainer.vue":

```
{
  color: "red",
  title: "编程书籍",
  icon: "iconfont icon-programmingwindo",
  url: "/programming-book"
},
```

步骤 02 在 views/books 目录下新建文件"ProgrammingBook.vue"。
步骤 03 修改 router.js，增加如下路由配置：

```
{
  path: "/programming-book",
  component: () => import("./views/books/ProgrammingBook.vue"),
  meta: { title: "编程书籍" }
},
```

步骤 04 从"/mui/examples/hello-mui/examples/tab-top-webview-main.html"中复制代码过来实现分类滑动栏。复制 div id="slider"节点中的所有代码，改造后代码如下：

```html
<div id="slider" class="mui-slider">
  <div
      id="sliderSegmentedControl"
      class="mui-scroll-wrapper mui-slider-indicator mui-segmented-control
      mui-segmented-control-inverted"
  >
    <div class="mui-scroll">
       <a class="mui-control-item mui-active">C</a>
       <a class="mui-control-item">C++</a>
       <a class="mui-control-item">JAVA</a>
       <a class="mui-control-item">C#</a>
       <a class="mui-control-item">PHP</a>
       <a class="mui-control-item">Python</a>
    </div>
  </div>
</div>
```

> **注 意**
>
> 需要把 slider 区域的 mui-fullscreen 类去掉，MUI 项目中的许多坑都是这个 class 类引起的。

由于这个滚动要用到 JS 特效，所以再去 MUI 官网复制滚动初始化代码。

> **注 意**
>
> 这个初始化代码要放到 mounted 方法中，因为只有在 mounted 中 DOM 结构被渲染之后，才可以进行 DOM 操作。

```
mounted() {
```

```
mui(".mui-scroll-wrapper").scroll({
    //flick 减速系数，系数越大，滚动速度越慢，滚动距离越小，默认值 0.0006
    deceleration: 0.0005
});
}
```

步骤 05 直接在文件"ProgrammingBook.vue"中引入 mui.js 文件：

```
import mui from "../../libs/mui/js/mui.min.js";
```

错误提示：

```
TypeError: 'caller', 'callee', and 'arguments' properties may not be accessed on
strict mode functions or the arguments objects for calls to them.
```

原因分析：MUI 中的代码是不支持严格模式的。而 webpack 打包好的 bundle.js 中，默认是启用严格模式的，所以这两者冲突了。

解决方案：

- 把 mui.js 中的非严格模式的代码改掉，但是不现实。
- 把 webpack 打包时候的严格模式禁用掉。
- 把 MUI 中的资源全部复制到 static 目录下，然后在 index.html 页面中引入 mui.js。如下：

```
<script src="/static/mui/js/mui.min.js"></script>
```

第 1 种解决方案显然很难实现，在这里我们采用第 2 种方案：禁用严格模式。
webpack 移除严格模式时需要使用这个插件"babel-plugin-transform-remove-strict-mode"。

步骤 06 运行命令："npm i babel-plugin-transform-remove-strict-mode D"进行安装。

然后修改.babelrc 文件，添加配置：

```
{
  "plugins": ["transform-remove-strict-mode"]
}
```

步骤 07 重新运行："npm run dev"。

此时在谷歌浏览器中已经没有了报错信息，但是当我们滑动的时候，会出现如下警告信息：

```
[Intervention] Unable to preventDefault inside passive event listener due to target
being treated as passive. See
https://www.chromestatus.com/features/5093566007214080
```

如果不想看到这样的警告信息，可以在页面中加上*{touch-action: pan-y;}这句样式去掉。
CSS 属性 touch-action 用于设置触摸屏用户如何操纵元素的区域。
界面最终运行效果如图 9-12 所示。

图 9-12

这时，新的问题出现了，当我们再次点击底部导航进行切换的时候，切换不了了。

说　明
这又是 MUI 的一个坑，区域滚动和 App.vue 中的 router-link 身上的类名 mui-tab-item 存在兼容性问题，导致 tab 栏失效。我们可以把 mui-tab-item 改名为 mui-tab-newitem，并复制相关的类样式，来解决这个问题。在 App.vue 中添加如下 CSS 样式：

```
.mui-bar-tab .mui-tab-newitem.mui-active {
  color: #007aff;
}

.mui-bar-tab .mui-tab-newitem {
  display: table-cell;
  overflow: hidden;
  width: 1%;
  height: 50px;
  text-align: center;
  vertical-align: middle;
  white-space: nowrap;
  text-overflow: ellipsis;
  color: #929292;
}

.mui-bar-tab .mui-tab-newitem .mui-icon {
  top: 3px;
  width: 24px;
  height: 24px;
  padding-top: 0;
  padding-bottom: 0;
}

.mui-bar-tab .mui-tab-newitem .mui-icon~.mui-tab-label {
  font-size: 11px;
  display: block;
  overflow: hidden;
  text-overflow: ellipsis;
}
```

当我们完成页面编写之后，如果后端接口还没有写好，那么首先要做的就是 mock 数据。在 mock.js 中添加如下代码：

```
const ProgramBookSubCategory = {
  code: "200",
  data: [
    { id: 1, name: "C" },
    { id: 2, name: "C+" },
    { id: 3, name: "C#" },
    { id: 4, name: "JAVA" },
    { id: 5, name: "PHP" },
    { id: 6, name: "Python" },
    { id: 7, name: "前端" }
  ]
};
//获取编程子分类数据
Mock.mock("/book/getProgramBookSubCategory", "get", ProgramBookSubCategory);
```

改造 ProgrammingBook.vue，使分类 id 为 3 的分类默认高亮显示，其实就是为其添加"mui-active"类名。

```
<div class="mui-scroll">
   <a v-for="item in bookCategory" :key="item.id"
       class="mui-control-item" :class="{'mui-active':item.id==3}"
       @tap="getPhotosByCateId(item.id)">{{item.name}}
   </a>
</div>
```

再看一下 JS 代码，初始化获取编程子分类的方法在 created 钩子函数中进行调用，这样的好处是可以更快发起异步请求获取数据。通过前面对 Vue 生命周期的钩子函数的讲解，我们知道 created 要先于 mounted 执行。

```
  data() {
    return {
      bookCategory: []
    };
  },
created(){
   this.getProgramBookSubCategory();
},
methods: {
   //获取编程书籍子分类
   getProgramBookSubCategory() {
     this.$axios.get("/book/getProgramBookSubCategory").then(res => {
       if (res.data.code == "200") {
```

```
      this.bookCategory = res.data.data;
    }
  });
},
//根据分类ID获取图片信息
getPhotosByCateId(id){

}
}
```

9.9 制作图片列表

上一节已经讲到了编程书籍子分类,本节我们将根据不同的分离加载不同的书籍图片列表。

我们在 methods 中增加方法 getPhotosByCateId,用于根据分类 id 获取图片信息。在分类项中添加 tap 事件:

```
@tap="getPhotosByCateId(item.id)"
```

思考:为什么不是 click 事件?

click 与 tap 都会发出点击事件,但是在手机 Web 端,click 会有大约 300 ms 延迟,所以一般用 tap(轻击)代替 click 作为点击事件,这样响应速度更快,操作起来显得更加流畅。

准备 mock 数据,为了方便演示,下面的数据都是直接从京东网站上面找的。

```
const getPhotosByCateId = function(options) {
  let res = [];
  switch (options.url) {
    case "/book/getPhotosByCateId/3":
      res = [
        {
          id:31,
          title: "《ASP.NET MVC 企业级实战》",
          url: "//img10.360buyimg.com/n1/jfs/t3241/218/7464122794/123894/c38682fd/58b66b59N182bacd9.jpg",
          msg:
            "邹琼俊,《H5+跨平台移动应用实战开发》、《ASP.NET MVC 企业级实战》作者,湖南人,.NET 高级工程师,CSDN 学院讲师,专注于.NETWeb 开发,对.NETWeb 开发有较深研究。"
        },
        {
          id:32,
          url:
```

```
          "//img11.360buyimg.com/n1/jfs/t1/65264/32/246/274572/5ce74729E5ffefca8/69813fd
6f99ab34e.jpg",
          title: "《零基础学 C#》",
          msg:
            "《零基础学 C#》是针对零基础编程学习者全新研发的 C#入门教程。从初学者角度出发，通过
通俗易懂的语言、流行有趣的实例，详细地介绍了使用 C 语言进行程序开发需要掌握的知识和技术。"
        },
……
      ];
      break;
    default:
      break;
  }
  return {
    code: "200",
    data: res
  };
};
//根据分类 ID 获取图片列表
Mock.mock(RegExp("/book/getPhotosByCateId" + ".*"), "get", getPhotosByCateId);
```

改造 getPhotosByCateId 方法：

```
//根据分类 ID 获取图片列表信息
getPhotosByCateId(id) {
  this.$axios.get("/book/getPhotosByCateId" + "/" + id).then(res => {
    if (res.data.code == "200") {
      this.photos = res.data.data;
    }
  });
}
```

由于是加载图片列表，图片的渲染通常比较慢，所以我们考虑使用图片的懒加载技术。

去 Mint UI 官网上查阅文档，就会发现"Lazy load"这个图片懒加载指令。

为 img 元素添加 v-lazy 指令，指令的值为图片的地址。同时需要设置图片在加载时的样式。

```
img[lazy="loading"] {
  width: 40px;
  height: 300px;
  margin: auto;
}
```

界面 DOM 结构改造，在改造 li 成 router-link 的时候，需要使用 tag 属性指定要渲染为哪种元素：

```html
<!-- 图片列表区域 -->
  <ul class="photo-list">
    <router-link v-for="item in photos" :key="item.id" :to="'/home/' + item.id" tag="li">
      <img v-lazy="item.url">
      <div class="msg">
        <h1 class="msg-title">{{ item.title }}</h1>
        <div class="msg-body">{{ item.msg }}</div>
      </div>
    </router-link>
  </ul>
```

至于页面的 CSS 代码，这里就不展示出来了，大家可以直接查看源代码。

界面运行效果如图 9-13 所示。

图 9-13

9.10 在 Android 手机浏览器中调试 App

当应用开发到一定的阶段之后，就需要尝试在手机上进行项目的预览和测试，因为谷歌中的模拟器和真机中的效果有些时候是有出入的。如果要在手机中进行调试，就需要具备如下的条件：

（1）要保证自己的手机可以正常运行。

（2）要保证手机和开发项目的电脑处于同一个 WiFi 环境中，也就是说手机可以访问到电脑的 IP。

接下来，打开自己的项目中 package.json 文件，在 dev 脚本中，添加一个 --host 指令，把当前电脑的 WiFi IP 地址，设置为 --host 的指令值。如果不设置 host，则默认是本机上的 127.0.0.1，也就是 localhost。

```
"dev": "webpack-dev-server --contentBase src --open --port 9527 --hot
--host 192.168.1.102",
```

如何查看自己电脑所使用 WiFi 的 IP？

在电脑上按快捷键 Win+R，打开 cmd 终端，然后运行"ipconfig"，查看无线网的 IP 地址，如图 9-14 所示。

图 9-14

如果你的电脑并没有无线网卡，可以通过 360 免费 WiFi 工具，自己开启一个。

注　意
如果你的电脑上安装了类似 360 的杀毒软件，请关闭局域网防护中的局域网隐身功能。

最后，直接在手机浏览器中，输入 WiFi IP 地址 192.168.1.102:9527，就可以在手机上进行预览了。

9.11 真机调试

真机调试可以借助开发工具 Hbuilder 或者 HbuilderX。

在进行真机调试之前，我们先要运行命令：npm run build，执行完成之后，会在项目根目录下面的 dist 目录中生成编译后的代码。

这里以 HbuilderX 开发工具为例，打开 HbuilderX，"文件"→"新建"→"项目"，如图 9-15 所示。

图 9-15

项目中默认生成的 js、css、img 目录可以直接先删掉。

再把 "D:\WorkSpace\vue_book\codes\chapter9\book-shop\dist" 目录下的文件全部复制到 "D:\WorkSpace\vue_book\codes\chapter9\book-shop-app" 目录下，并覆盖 index.html 文件。

接下来，用 USB 数据线连接电脑，确保手机可以正常连接到电脑上。

如果是 Android 手机，先要打开开发者模式，然后开启 USB 调试模式，并修改手机连接模式为 "MTP" 模式，如图 9-16 所示。

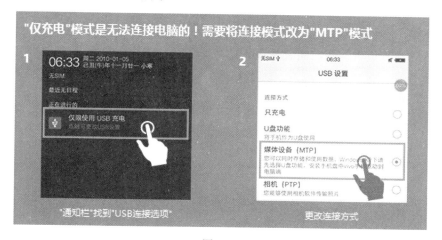

图 9-16

如果是苹果手机，要在"设置"中选择信任，如图 9-17 所示。

图 9-17

如果是第一次运行，在运行期间，手机上会弹出一些确认提示，请确保点击"允许"，它会在测试手机上安装手机端 Hbuilder 调试基座，安装完成之后，测试手机上会多一个 Hbuilder 图标，如果它没有自动运行，可以手动点击启动它，此时就可以进行真机模式下运行和调试了。

运行之后，我们发现除了 src 目录中的图片可以显示外，static 目录中的图片和字体图标都无法显示了。我们需要在 cdn 前面加上 https:。在 index.html 首页以及 mock.js 中一些网上获取的 cdn 图片地址前面都加上 https。

```
<link rel="stylesheet"
 href="https://at.alicdn.com/t/font_1237668_e5z1ao2uo1u.css">
```

重新编译，再把文件重新复制到"book-shop-app"目录下，图片即可正常显示。

9.12 封装轮播组件

当同样的界面功能模块出现了两次及以上，我们就可以考虑将其封装为公用的组件。这样做的好处是提取公共部分，封装了变化点，保证了一个变化入口，方便代码的复用和后续的维护。我们看到首页有图片轮播，图书详情页面也有图片轮播，那么就可以将其封装为一个组件，然后寻找它们之间的共同点和异同点，共同点直接封装在组件内部，异同点则可以通过暴露一些属性，将变换点转移到调用方。

在本组件中，数据源和图片的显示方式都是变换点，可以将其以属性的方式传入。组件中不要涉及具体的业务逻辑代码，而且尽量保证功能单一，这样会有更好的扩展性和可复用性，就像软件设计中的"单一职责"原则，这其实和我们软件架构设计中各种设计模式的思想是类似的。

新建文件"swiper.vue"：

```
<template>
 <div>
  <mt-swipe :auto="3000" :style="{'height':height}">
   <!-- 在组件中，使用 v-for 循环的话，一定要使用 key -->
   <mt-swipe-item v-for="item in dataItem" :key="item.img_url">
    <img :src="item.img_url" alt :class="{'full': isfull}" />
   </mt-swipe-item>
  </mt-swipe>
 </div>
```

```
</template>

<script>
//将来谁使用此轮播图组件,谁为我们传递 dataItem
export default {
  // value 应该是父组件向子组件传值来设置
  // props: ["dataItem", "isfull","height"], //isfull:宽度是100%还是自适应
  props: {
    dataItem: { type: Array, default: () => [] },
    isfull: { type: Boolean, default: true },
    height: { type: String, default: "200px" }
  }
};
</script>

<style lang="scss" scoped>
.mint-swipe {
  .mint-swipe-item {
    text-align: center;
    img {
      // width: 100%;
      height: 100%;
    }
  }
}
.full {
  width: 100%;
}
</style>
```

我们看到上述代码中进行传参的时候,也可以让 props 以一个数组的形式进行传参,如下:

```
props: ["dataItem", "isfull","height"],
```

但是这样的写法并不严谨,而且功能也有限,比如说无法设置默认值。

9.13 商品详情页

商品详情页展示效果如图 9-18 所示。

图 9-18

经过分析，我们发现商品详情页共分为三个部分：顶部展示的是一组轮播图片，引入轮播组件；中间是商品购买区；最下面是商品参数。

```
// 导入轮播图组件
import swiper from "../../components/swiper.vue";
export default {
  components: {
    swiper,
......
```

DOM 结构代码，这里要展示一个卡片类似的效果，也可以直接从 MUI 中拿 mui-card 相关的代码过来：

```
    <!-- 商品轮播图区域 -->
    <div class="mui-card">
      <div class="mui-card-content">
        <div class="mui-card-content-inner">
<swiper :dataItem="bookDetalData.swiperData" :isfull="false"></swiper>
```

```html
      </div>
    </div>
</div>
```

接下来是商品购买区域和商品参数区域的界面：

```html
<!-- 商品购买区域 -->
<div class="mui-card">
  <div class="mui-card-header">{{ bookDetalData.title }}</div>
  <div class="mui-card-content">
    <div class="mui-card-content-inner">
      <p class="price">
        定价：
        <del>¥{{ bookDetalData.price }}</del>  销售价：
        <span class="now_price">¥{{ bookDetalData.sellPrice }}</span>
      </p>
      <p>
        购买数量：
        <numbox v-model="selectedCount" :max="bookDetalData.stockQuantity">
        </numbox>
      </p>
      <p>
        <mt-button type="primary" size="small">立即购买</mt-button>
        <mt-button type="danger" size="small" v-tap="addToShopCar">
        加入购物车</mt-button>
      </p>
    </div>
  </div>
</div>
<!-- 商品参数区域 -->
<div class="mui-card">
  <div class="mui-card-header">商品参数</div>
  <div class="mui-card-content">
    <div class="mui-card-content-inner">
      <p>商品编号：{{ bookDetalData.goodsNo }}</p>
      <p>库存数量：{{ bookDetalData.stockQuantity }}件</p>
      <p>出版时间：{{ bookDetalData.publishTime}}</p>
    </div>
  </div>
</div>
```

在上面代码的按钮中使用到了 v-tap 指令，这是一个自定义指令。

自定义 v-tap 指令

tap 是为了处理 click 事件在 iPhone 上的存在 300 ms 的延时，这样使得连续点击很不流畅，

tap 通过移动端的 touchstart 事件和 touchend 事件判断移动距离为零的话,则触发绑定的函数。

(1) 运行: npm install vue2-tap –save。

(2) main.js 中引入:

```
//import vueTap from 'Vue2-tap'
var VueTap = require('vue2-tap')
Vue.use(vueTap)
```

Vue2.0 用法:

```
<p v-tap="{ handler:method, params:[a,b,$event]}">带参数</p>
<a v-tap="tap">不带参数</a>
  methods : {
    method : function(a,b,event) {

    },
    tap:fucntion(){
    }
  }
```

准备 mock 数据:

```
//根据图书 ID 获取图书详情
Mock.mock(RegExp("/book/getDetail" + ".*"), "get", function(options) {
  if ((options.url = "/book/getDetail/31")) {
    return {
      code: "200",
      data: {
        title: "ASP.NET MVC 企业级实战",
        price: "89.00",
        sellPrice: "75.70",
        stockQuantity: 1000,
        goodsNo: "12047765",
        publishTime: "2017-03-01",
        swiperData: [
          {
            id: 1,
            img_url:
            "https://img30.360buyimg.com/shaidan/s616x405_jfs/t17680/299/5031335
            77/263416/d049e932/5a903308N59e56f58.jpg"
          },
          {
            id: 2,
            img_url:
            "https://img30.360buyimg.com/shaidan/s616x405_jfs/t10909/206/2294541
```

```
              379/133868/ca726d65/59f3f159Ne6a16a2c.jpg"
          }
        ]
      }
    };
  }
});
```

详情页 Vue 对象：

```
data() {
  return {
    id: this.$route.params.id, // 将路由参数对象中的 id 挂载到 data 方便后期调用
    selectedCount:1, // 保存用户选中的商品数量，默认认为用户买 1 个
    //商品详情数据
    bookDetalData: {
      swiperData: [] // 轮播图的数据
    },
    showBall:false,//设置小球默认的显示状态
  };
},
created() {
  this.initData();
},
methods: {
  initData() {
    this.$axios.get("/book/getDetail/" + this.id).then(res => {
      if (res.data.code == "200") {
        this.bookDetalData = res.data.data;
      }
    });
  },
```

9.14 购物车小球动画

如果经常在网上购物，一定会注意到，当我们点击"添加购物车"按钮时，通常会出现一个小球以抛物线的形式，从购买数量位置，移动到购物车图标位置中。

思路：要实现这个效果，首先我们肯定要绘制一个小球或者准备一个小球图片，初始状态下，它是隐藏的，当我们点击"添加购物车"按钮时，它会出现，而且会有一个动画效果移动到购物车图标位置，然后消失；再次点击时，小球的起始位置又是从购买数量处开始。这其实就用到了前面所讲的半场动画。

考虑到在不同的分辨率下小球的位置和购物车图标的位置都会发生变化，所以我们只能通过计算得到小球的位移值。

经过分析，得出解题思路：先得到购物车图标横纵坐标，再得到小球的横纵坐标，然后让 y 值求差，x 值也求差，最终得到的结果，就是横纵坐标要位移的距离。

在"BookDetail.vue"页面中：

```html
<!-- 小球动画 -->
  <transition
  @before-enter="beforeEnter"
  @enter="enter"
  @after-enter="afterEnter">
  <div class="ball" v-show="showBall" ref="ball">
  </div>
```

对应的钩子函数：

```js
beforeEnter(el) {
  el.style.transform = "translate(0, 0)";
},
enter(el, done) {
  el.offsetWidth;
  // 获取小球的在页面中的位置
  const ballPosition = this.$refs.ball.getBoundingClientRect();
  // 获取购物车图标在页面中的位置
  const badgePosition =
  document.getElementById("shopCar").getBoundingClientRect();
  const xDist = badgePosition.left - ballPosition.left;
  const yDist = badgePosition.top - ballPosition.top;
  el.style.transform = `translate(${xDist}px, ${yDist}px)`;
  el.style.transition = "0.5s all cubic-bezier(.4,-0.3,1,.68)";
  done();
},
afterEnter(el) {
  this.showBall = !this.showBall;
},
```

小球样式：

```css
.ball {
width: 15px;
height: 15px;
border-radius: 50%;
background-color: red;
position: absolute;
z-index: 99;
```

```
  top: 390px;
  left: 146px;
}
```

getBoundingClientRect

在 JS 原生方法中，getBoundingClientRect 用于获取某个元素相对于视窗的位置的集合。

（1）语法：这个方法没有参数。

```
rectObject = object.getBoundingClientRect();
```

（2）返回值类型（位置见图 9-19）：

- rectObject.top：元素上边到视窗上边的距离。
- rectObject.right：元素右边到视窗左边的距离。
- rectObject.bottom：元素下边到视窗上边的距离。
- rectObject.left：元素左边到视窗左边的距离。

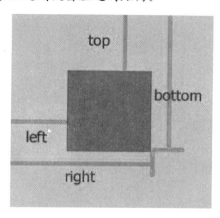

图 9-19

9.15 封装购买数量组件

像购买数量这样的组件，MUI 中有类似的，所以我们依旧直接将代码片段复制过来，然后想办法将其改造为 Vue 组件。

在 components 目录下新建文件"DetailNumber.vue"，代码如下：

```
<template>
 <!-- 使用 watch 属性来监听父组件传递过来的 max 值，不管 watch 会被触发几次，但是最后一次，
肯定是一个合法的 max 数值 -->
 <div class="mui-numbox" data-numbox-min="1">
  <button class="mui-btn mui-btn-numbox-minus" type="button">-</button>
  <input class="mui-input-numbox" type="number" :value="value"
```

```
      @change="countChanged" ref="numbox" readonly/>
    <button class="mui-btn mui-btn-numbox-plus" type="button">+</button>
  </div>
</template>

<script>
import mui from "../libs/mui/js/mui.min.js";

export default {
  props: ["value", "max"],
  mounted() {
    // 初始化数字选择框组件
    mui(".mui-numbox").numbox();
  },
  methods: {
    countChanged() {
      // 每当文本框的数据被修改时立即让最新的数据通过事件调用传递给父组件
      this.$emit("input", parseInt(this.value));
    }
  },
  watch: {
    // 属性监听
    max: function(newVal, oldVal) {
      // 使用 JS API 设置 numbox 的最大值
      mui(".mui-numbox")
        .numbox()
        .setOption("max", newVal);
    }
  }
};
</script>
```

在本组件封装中用到了数据双向绑定。

在"BookDetail.vue"页面中进行组件调用。

组件引入：

```
import numbox from "../../components/DetailNumber.vue";
export default {
  components: {
    numbox
  },
```

组件调用：

```
<p>
```

```
购买数量:
<numbox v-model="selectedCount" :max="bookDetalData.stockQuantity">
</numbox>
</p>
```

9.16 设计购物车数据存储

由于涉及到各个兄弟组件之间的数据传递,所以这里采用 vuex。

> **注 意**
>
> 在实际应用中,我们还应该将购物车数据持久化到数据库中,当用户每次登录后,需要从数据库中取数据然后同步到 vuex 和 localStorage 中。这是为了保证用户在不同的电脑上登录,能保证购物车数据一致。

(1) 安装 vuex: npm install vuex –save。
(2) main.js 中注册 vuex:

```
import Vuex from 'vuex'
Vue.use(Vuex)
```

先思考一下,vuex 中需要存储什么样的数据?在点击"添加购物车"按钮时,我们希望存储一个集合数据:[{商品 ID、商品数量、商品价格、商品是否选中},...]。

在图书商品详情页 BookDetail.vue 中,构造需要添加到购物车中去的数据对象:

```
// 添加到购物车
addToShopCar() {
  this.showBall = !this.showBall;
   // { id:商品的id, count: 要购买的数量, price: 商品的单价, selected: false }
  // 拼接出一个,要保存到 store 中 cart 数组里的商品信息对象
  console.log('this.selectedCount',this.selectedCount)
  var goodsinfo = {
    id: parseInt(this.id),
    count: this.selectedCount,
    price: this.bookDetalData.sellPrice,
    selected: true,
    amount:this.selectedCount*this.bookDetalData.sellPrice
  };
  // 调用 store 中的 mutations 来将商品加入购物车
  this.$store.commit("addCart", goodsinfo);
},
```

在 store.js 中添加如下添加购物车的公共方法,如果购物车中已经存在了商品,就只增加

商品数量，否则需要将商品添加到购物车。

```
mutations: {
  //添加到购物车
  addCart(state, info) {
    var flag = false; //购物车中是否已存在标记
    state.cart.some(item => {
      if (item.id == info.id) {
        item.count += parseInt(info.count);
        flag = true;
        return true;
      }
    });
    // 购物车中没有则把商品数据直接 push 到购物车中
    if (!flag) {
      state.cart.push(info);
    }
    // 当更新 cart 之后，把 cart 数组存储到本地的 localStorage 中
    localStorage.setItem(cartKey, JSON.stringify(state.cart));
  },
```

当我们点击"添加购物车"之后，底部的购物图标上面的数量也要实时发生变化，打开 App.vue，修改代码：

```
<router-link class="mui-tab-newitem" to="/shopcar">
    <span class="mui-icon iconfont icon-gouwuche" id="shopCar">
      <span class="mui-badge">{{allCout }}</span>
    </span>
    <span class="mui-tab-label">购物车</span>
</router-link>
```

添加一个计算属性，用于实时计算购物车的商品数量：

```
computed:{
  allCout(){
    return this.$store.getters.getCartAllCount;
  }
},
```

9.17 我的购物车

我的购物车界面如图 9-20 所示。

图 9-20

通过这个界面,可以查看已经购买的商品,并对已经购买的商品进行操作,可以新增、修改商品数,从购物车删除商品、选中或者取消商品选中。这个界面与商品详情界面一样有一个数量组件,但是这个数量组件和商品详情中的数量组件功能上有区别,对于商品详情页中的数量组件,当数量变化时,并不需要马上去更新购物车;而本页面数量组件中数据有变化时,必须马上对购物车进行更新。所以我们既可以重新写一个数量组件,也可以复用商品详情中的数量组件,但是复用的话,必须开放一个参数标识,通过传入不同的标识,来执行不同的业务逻辑,出于组件单一职责考虑,这里重新再编写了一个数字组件 CartNumbox.vue,代码如下:

```
<template>
  <div class="mui-numbox" data-numbox-min='1' style="height:25px;">
    <button class="mui-btn mui-btn-numbox-minus" type="button">-</button>
    <input id="test" class="mui-input-numbox" type="number" :value="value"
    @change="countChanged" ref="numbox" readonly />
    <button class="mui-btn mui-btn-numbox-plus" type="button">+</button>
  </div>
</template>

<script>
import mui from "../libs/mui/js/mui.min.js";

export default {
  mounted() {
    // 初始化数字选择框组件
    mui(".mui-numbox").numbox();
```

```
  },
  methods: {
    countChanged() {
      // 每当数量值改变,则立即把最新的数量同步到购物车的 store 中,覆盖之前的数量值
      this.$store.commit("updateCartInfo", {
        id: this.id,
        count:parseInt(this.$refs.numbox.value)
      });
    }
  },
  props: ["value", "id"]
};
</script>

<style lang="scss" scoped>

</style>
```

ShopcarContainer.vue 代码如下:

```
<template>
  <div class="shopcar-container">
    <div class="goods-list">
      <!-- 商品列表项区域 -->
      <div class="mui-card" v-for="(item, i) in bookList" :key="item.id">
        <div class="mui-card-content">
          <div class="mui-card-content-inner">
            <mt-switch
              v-model="$store.getters.getCartSelected[item.id]"
              @change="selectedChanged(item.id,
$store.getters.getCartSelected[item.id])"
            ></mt-switch>
            <img :src="item.thumbnail" />
            <div class="info">
              <h1>{{ item.title }}</h1>
              <p>
                <span class="price">¥{{ item.sellPrice }}</span>
                <numbox :value="$store.getters.getGoodsCount[item.id]"
                :id="item.id">
                </numbox>
                <!-- 1. 我们可以先创建一个空对象,然后循环购物车中所有商品的数据, 把当前循环
                这条商品的 Id,作为对象的属性名,count 值作为对象的属性值, 这样当把所有的商品
                循环一遍,就会得到一个对象: { 37: 2, 38: 1} -->
                <a href="#" @click.prevent="remove(item.id, i)">删除</a>
```

```html
            </p>
          </div>
        </div>
      </div>
    </div>

    <!-- 结算区域 -->
    <div class="mui-card">
      <div class="mui-card-content">
        <div class="mui-card-content-inner jiesuan">
          <div class="left">
            <p>总计（不含运费）</p>
            <p>
              已勾选商品
              <span class="red">
              {{ $store.getters.getCartCountAndAmount.count }}</span> 件，  总价
              <span class="red">
              ￥{{ $store.getters.getCartCountAndAmount.amount }}</span>
            </p>
          </div>
          <mt-button type="danger">去结算</mt-button>
        </div>
      </div>
    </div>
    <!-- 获取购物车中所有商品的选中状态（对象） -->
    <!-- <p>选中商品信息：{{ $store.getters.getCartSelected }}</p> -->
  </div>
</template>

<script>
import numbox from "../CartNumbox.vue";

export default {
  components: {
    numbox
  },
  data() {
    return {
      selectedCount:'',
      bookList: [] // 购物车中所有图书商品的数据
    };
  },
```

```js
created() {
  this.getBooksList();
},
methods: {
  //加载购物车图书列表
  getBooksList() {
    // 1. 获取到 store 中所有的商品的 Id, 然后拼接出一个用逗号分隔的字符串
    var idArr = [];
    console.log('this.$store.state.cart',this.$store.state.cart)
    this.$store.state.cart.forEach(item => idArr.push(item.id));
    // 如果购物车中没有商品, 则直接返回, 不需要请求数据接口, 否则会报错
    if (idArr.length <= 0) {
      return;
    }
    // 获取购物车商品列表
    this.$axios
      .post("/book/getshopcartlist", { ids: idArr.join(",") })
      .then(result => {
        console.log('result',result)
        if (result.data.code == '200') {
          this.bookList = result.data.data;
        }
        console.log('this.bookList',this.bookList)
      });
  },
  remove(id, index) {
    // 点击删除, 把商品从 store 中根据传递的 Id 删除, 同时, 把当前组件中的 bookList, 对应要
    //   删除的那个商品使用 index 来删除
    this.bookList.splice(index, 1);
    this.$store.commit("removeCartById", id);
  },
  selectedChanged(id, val) {
    // 每当点击开关, 把最新的快关状态, 同步到 store 中
    this.$store.commit("updateCartSelected", { id, selected: val });
  }
}
};
</script>
```

在 store.js 中，对应的方法如下：

```js
//修改购物车商品数量
updateCartInfo(state, info) {
```

```js
    let carts = state.cart;
    // 修改购物车中商品的数量值
    let index = state.cart.findIndex(item => {
      return item.id == info.id;
    });
    // 当修改完商品的数量后把最新的购物车数据保存到本地存储中
    localStorage.setItem(cartKey, JSON.stringify(carts));
  },
  //从购物车中移除指定的商品
  removeCartById(state, id) {
    // 根据 Id，从 store 中的购物车中删除对应的那条商品数据
    state.cart.some((item, i) => {
      if (item.id == id) {
        state.cart.splice(i, 1);
        return true;
      }
    });
    // 将删除完毕后的最新的购物车数据同步到本地存储中
    localStorage.setItem(cartKey, JSON.stringify(state.cart));
  },
  //更新购物车中指定商品的选中状态
  updateCartSelected(state, info) {
    state.cart.some(item => {
      if (item.id == info.id) {
        item.selected = info.selected;
      }
    });
    // 把最新的所有购物车商品的状态保存到 store 中去
    localStorage.setItem(cartKey, JSON.stringify(state.cart));
  }
```

9.18 增加页面返回

当我们跳转到首页之外的其他页面时，希望通过点击一个特定的按钮，返回到上一页。在 Mint 的 Header 组件中，是有返回的。

修改 App.vue 顶部区域代码：

```html
<!-- 顶部 Header 区域 -->
<mt-header fixed title="玉杰图书商城">
  <span slot="left" @click="goBack" v-show="flag">
    <mt-button icon="back">返回</mt-button>
```

```
    </span>
  </mt-header>
```

并新增如下代码：

```
export default {
 data() {
   return {
      flag: false,
   };
 },
 computed:{
 allCout(){
   return this.$store.getters.getCartAllCount;
 }
 },
  created() {
   this.flag = this.$route.path === "/home" ? false : true;
 },
    watch: {
    "$route.path": function(val) {
      this.flag=val === "/home"?false:true;
    }
  },
  methods: {
    goBack() {
      // 点击后退
      this.$router.go(-1);
    }
  }
};
```

只有当前页面不是首页时，我们才希望现实返回按钮，并可以执行返回功能。我们可以通过监听 url 路由的变化，根据路由地址来判断当前页面是不是首页。

9.19 总结

作为一个示例项目，还有许多功能并没有开发，读者可以根据自己所学的知识，自行完善这个示例项目，这也是对自己学习成果的一个验收。在工作中，我们的实际生产项目往往远比这个示例项目要复杂得多，而且更多的情况下是团队协作开发，而不是一个人孤军奋战。

任何一个大的项目都是由许许多多小的功能模块拼接起来的。希望通过本项目，引导大家思考并能够学以致用。我们将在下一章按照实际生产项目的标准来讲解如何采用 Vue 技术栈进行 PC 端应用开发。

第 10 章 天下会管理平台

本章将通过一个 PC 端的天下会管理平台来演示如何运用我们前面所学的知识，从而真正实现学以致用。在实际工作中，我们通常是通过脚手架来直接创建基于 Vue 的 webpack 项目，而不是自己手动来搭建。本章的项目正是基于 webpack 和 Vue 全家桶技术栈的深度整合。项目中的业务场景纯属虚构，我们应该关注的是：分析项目并学会如何来搭建项目框架，并将一些技术点运用到业务场景中去。

10.1 Vue 前端开发规范

在开始本章的 Vue 项目开发之前，有必要统一一下前端的开发规范。在软件开发领域，有一个原则叫作"约定大于配置"，我们统一开发规范，其实就是一种约定。对于开发规范，业界没有统一的标准，只有建议和一些约定俗成的或者不成文的规范。在实际开发过程中，可以根据团队的习惯来制定统一的开发规范，而规范一旦制定，我们就应当严格遵守。

10.1.1 统一开发环境

- 开发工具统一：VSCode。
- Node：最新稳定版或 v8.11.2 及以上版本。

10.1.2 技术框架选型

- 前端框架：Vue2.x
- PC 端 Vue 项目 UI 框架：Element UI
- CSS 预编译：scss
- 脚手架：vue-cli2.0
- 网络请求：axios
- 图表：echarts
- 代码版本控制：git
- 屏幕适配布局：px

10.1.3 命名规范

应反映该元素的功能或使用通用名称,而不要使用抽象的、晦涩的命名。

1. id 和 class 的命名原则

- class:采用"中划线法命名法",命名规则用"-"隔开,避免驼峰命名,如 el-button。
- id:采用"小驼峰命名法"。

> **注　意**
>
> 书写 CSS 要注意先后顺序和嵌套问题,从性能上考虑尽量减少选择器的层级。

2. 文件夹、文件名

(1)文件夹

目录由全小写的名词、动名词或分词命名,由两个以上的词组成,以"-"进行分隔。

- 由名词组成(car、order、cart)
- 尽量是名词(good: car)(bad: greet good)
- 以小写开头(good: car)(bad: Car)

(2)资源文件名

资源文件一律以小写字符命名,由两个以上的词组成,以"-"进行分隔。例如:main.css、index.js 等。

3. Vue 文件命名

Vue 文件统一以大驼峰命名法命名,仅入口文件 index.vue 采用小写。

views 下面的 Vue 文件代表着页面的名字,放在模块文件夹之下。只有一个文件的情况下不会出现文件夹,而是直接放在 views 目录下面,如 Login、Home 等。

尽量使用名词,且大写开头,开头的单词就是所属模块名字(CarDetail、CarEdit、CarList)。

常用结尾单词有(Detail、Edit、List、Info、Report)。

以 Item 结尾的代表着组件(CarListItem、CarInfoItem)。

components 文件夹存放的是可复用公共组件,放在模块文件夹之下,文件夹命名同模块命名,小写字母开头,如 common。大写字母开头,如 common/Footer、common/Header(文件名采用"大驼峰命名法")。

4. Vue 路由命名

采用带问号的 history 路由路径方式命名。路由及参数名称采用首字母小写的驼峰法命名,比如:http://www.test.com/test?name=abc&testId=124。

5. Vue 方法放置顺序

- name

- components
- props
- data
- created
- mounted
- filter
- computed
- watch
- activited
- update
- beforeRouteUpdate
- metods

6. method 自定义方法命名

- 动宾短语（good: jumpPage、openCarInfoDialog）（bad: go、nextPage、show、open、login）。
- Ajax 方法以 get、post 开头，以 Data 结尾（good: getListData、postFormData）（bad: takeData、confirmData、getList、postForm）。
- 事件方法以 on 开头（onTypeChange、onUsernameInput），init、refresh 单词除外。
- 尽量使用常用单词开头（set、get、open、close、jump）。
- 驼峰命名（good: getListData）（bad: get_list_data、getlistData）。

（1）data props 方法注意点

- 使用 data 里的变量时请先在 data 里面初始化。
- props 指定类型，也就是 type。
- props 改变父组件数据基础类型用 $emit，复杂类型直接改。

（2）自定义方法命名注意事项

- 表单数据请包裹一层 form。
- 不在 mounted、created 之类的方法写逻辑，取 ajax 数据。
- 在 created 里面监听 Bus 事件。

10.1.4　注意事项

（1）尽量避免直接操作 DOM。

（2）尽量使用 Vue 的语法糖，比如可以用:style 代替 v-bind:style；用@click 代替 v-on:click。

（3）将业务型的 CSS 单独写一个文件，然而功能型的 CSS 最好和组件一起，不推荐拆离，比如一个通用的 confirm 确认框。

10.1.5 ESlint 配置 js 语法检查并自动格式化

ESlint 是用来统一 JavaScript 代码风格的工具，不包含 CSS、HTML 等。我们希望 VSCode 保存时可以自动格式化 HTML、CSS、以及符合 ESlint 的 JS、Vue 代码。如果我们的项目是通过 vue-cli 这样的脚手架来生成的，如果我们选中启用 ESlint，将会在项目根目录下自动添加.eslintrc.js 文件，用于校验代码。我们可以自定义 ESlint 相关规则，关于 ESlint 的一些具体规则，请查看 ESlint 文档：https://eslint.org/docs/rules/。

1. 安装几个插件

（1）ESlint：JavaScript 代码检测工具，可以配置每次保存时格式化 JS，但每次保存只格式化一部分，你得连续按住 Ctrl+S 好几次才会将整个代码文件格式化好。

（2）Prettier - Code formatter：只关注格式化，并不具有 ESlint 检查语法等能力，只关心格式化文件（最大长度、混合标签和空格、引用样式等），包括：JavaScript、Flow TypeScript、CSS、SCSS、Less、JSX、Vue、GraphQL、JSON、Markdown。

（3）Vetur：可以格式化 HTML、标准 CSS（有分号、大括号的那种）、标准 JS（有分号、双引号的那种）、Vue 文件。

2. 对 VSCode 进行配置

打开 VSCode，按快捷键 Ctrl+Shift+P，输入 settings，然后选中 Preferences:Open Settings(JSON)，运行结果如图 10-1 所示。

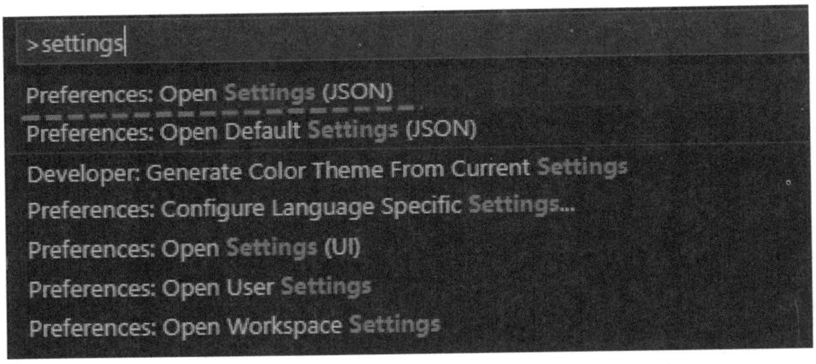

图 10-1

此时会打开一个名为 settings.json 的配置文件，默认情况下它的路径在 C:\Users\zouqi（这是你的电脑用户名）\AppData\Roaming\Code\User 目录下。

添加如下代码：

```
"files.exclude": {
    "node_modules/": true
},
"editor.formatOnSave": true,
// 配置eslint
"eslint.options": {
```

```
        "plugins": ["html"]
    },
    // #每次保存的时候将代码按 eslint 格式进行修复
    "eslint.autoFixOnSave": true,
    // 添加 vue 支持
    "eslint.validate": [
        "javascript",
        "javascriptreact",
        {
            "language": "vue",
            "autoFix": true
        }
    ],
    // #让 prettier 使用 eslint 的代码格式进行校验
    "prettier.eslintIntegration": true,
    // #代码结尾使用分号
    "prettier.semi": true,
    // #使用带引号替代双引号
    "prettier.singleQuote": true,
    // #让函数(名)和后面的括号之间加个空格
    "javascript.format.insertSpaceBeforeFunctionParenthesis": true,
    // #让 vue 中的 js 按编辑器自带的 ts 格式进行格式化
    "vetur.format.defaultFormatter.js": "vscode-typescript",
    // "vetur.format.defaultFormatter.js": "prettier-eslint",
    "vetur.format.defaultFormatterOptions": {
        "js-beautify-html": {
            "wrap_attributes": "force-aligned"
        }
    },
    "prettier.stylelintIntegration": true,
    "prettier.tslintIntegration": true,
    "[scss]": {
        "editor.defaultFormatter": "HookyQR.beautify"
    }
}
```

文件扩展名为.css、.less、.scss 或.json 的文件只能通过 prettier 进行格式化，ESlint 不支持。所以还需要安装一个插件 prettier-eslint。命令如下：

```
npm install --save-dev prettier-eslint
```

配置完成之后，重启 VSCode，当我们保存代码时，代码将会自动格式化为符合 ESlint 的格式。

在同一个前端项目组中，我们使用相同的开发工具 VSCode 和相同的配置文件 settings.json，然后通过 ESlint 来配置 JS 代码风格检查，从而统一前端项目中的代码风格。

有时候我们觉得 ESlint 的检测机制非常烦人的，如何禁用？解决方法是：取消 ESlint 的检测机制，将 config 文件下 index.js 里面的 userEslint 的值改为 false 就可以了。

10.2 通过 vue-cli 来搭建项目

vue-cli 是一个官方发布 vue.js 项目脚手架，使用 vue-cli 可以快速创建 Vue 项目。目前市面上常见的项目通常是基于 vue-cli2.0 和 vue-cli3.0 的。在本章，我们将介绍 vue-cli2.x，希望读者尝试将书中 vue-cli2.x 的项目使用 vue-cli3.x 的脚手架来实现。

在命令窗口中查看 Node 版本，如下，这里是使用的 v10.15.3 版本的。注意 Node 版本不要低于 8.0。

```
C:\Users\zouqi>node -v
v10.15.3
C:\Users\zouqi>npm -v
6.4.1
```

（1）安装 Vue

我的电脑上安装了淘宝镜像，所以可以直接用 cnpm 代替 npm，查看 cnpm 版本：

```
C:\Users\zouqi>cnpm -v
cnpm@6.0.0
(C:\Users\zouqi\AppData\Roaming\npm\node_modules\cnpm\lib\parse_argv.js)
npm@6.4.0
(C:\Users\zouqi\AppData\Roaming\npm\node_modules\cnpm\node_modules\npm\lib\npm
.js)
```

安装 Vue：

```
C:\Users\zouqi>cnpm install vue
√ Installed 1 packages
√ Linked 0 latest versions
√ Run 0 scripts
√ All packages installed (1 packages installed from npm registry, used 2s(network
2s), speed 480.54kB/s, json 1(25.59kB), tarball 824.49kB)
```

配置 Vue 为环境变量：

全局搜索 vue.cmd（可以用 Everything 这个软件搜索）将 vue.cmd 所在的路径添加到环境变量 Path 后面。再执行 vue -V 即可：

```
C:\Users\zouqi>vue -V
2.9.6
```

（2）全局安装 vue-cli，在命令提示窗口执行：

```
npm install -g vue-cli
C:\Users\zouqi>cnpm install -g vue-cli
npm WARN deprecated vue-cli@2.9.6: This package has been deprecated in favour of
@vue/cli
```

（3）安装 vue-cli 成功后，通过 cd 命令进入你想放置项目的文件夹，在命令提示窗口执行创建 vue-cli 工程项目的命令：

```
D:\WorkSpace\vue_book\codes\chapter10>vue init webpack admin-ui

? Project name admin-ui
? Project description PC 后台管理系统
? Author 邹琼俊
? Vue build (Use arrow keys)
? Vue build standalone
? Install vue-router? Yes
? Use ESLint to lint your code? Yes
? Pick an ESLint preset Standard
? Set up unit tests No
? Setup e2e tests with Nightwatch? No
? Should we run `npm install` for you after the project has been created? (recommended)
npm


   vue-cli · Generated "admin-ui".



# Installing project dependencies ...
# ========================
```

当项目最终初始化成功之后，会有如下提示：

```
# Project initialization finished!
# ========================


To get started:

  cd admin-ui
  npm run dev


Documentation can be found at https://vuejs-templates.github.io/webpack
```

根据提示，我们执行如下命令：

```
D:\WorkSpace\vue_book\codes\chapter10>cd admin-ui
D:\WorkSpace\vue_book\codes\chapter10\admin-ui>npm run dev
```

```
…..
 DONE  Compiled successfully in 4339ms
10:22:31

 I  Your application is running here: http://localhost:8080
```

在浏览器中访问：http://localhost:8080/#/，如果出现如图 10-2 所示界面，就表明项目已配置成功。

图 10-2

在 D:\WorkSpace\vue_book\codes\chapter10 目录下自动为我们生成了相应的项目代码，如图 10-3 所示。

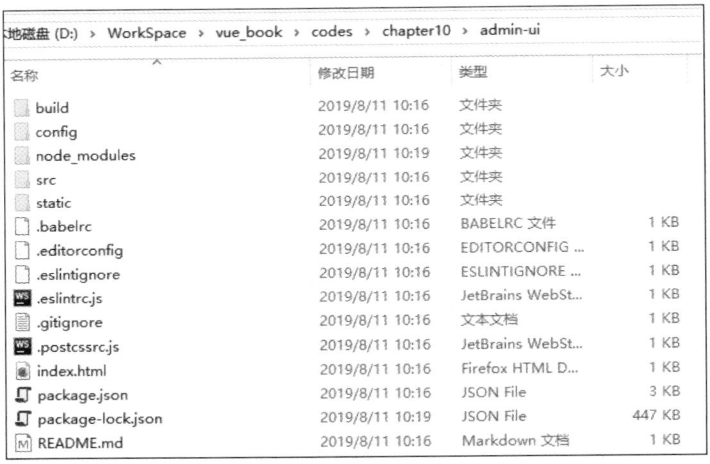

名称	修改日期	类型	大小
build	2019/8/11 10:16	文件夹	
config	2019/8/11 10:16	文件夹	
node_modules	2019/8/11 10:19	文件夹	
src	2019/8/11 10:16	文件夹	
static	2019/8/11 10:16	文件夹	
.babelrc	2019/8/11 10:16	BABELRC 文件	1 KB
.editorconfig	2019/8/11 10:16	EDITORCONFIG ...	1 KB
.eslintignore	2019/8/11 10:16	ESLINTIGNORE ...	1 KB
.eslintrc.js	2019/8/11 10:16	JetBrains WebSt...	1 KB
.gitignore	2019/8/11 10:16	文本文档	1 KB
.postcssrc.js	2019/8/11 10:16	JetBrains WebSt...	1 KB
index.html	2019/8/11 10:16	Firefox HTML D...	1 KB
package.json	2019/8/11 10:16	JSON File	3 KB
package-lock.json	2019/8/11 10:19	JSON File	447 KB
README.md	2019/8/11 10:16	Markdown 文档	1 KB

图 10-3

注　意

由于版本等环境的不同，安装的时候，可能会出现一些错误。如果出现错或问题，控制台都会有提示，此时需要随机应变，可以直接复制重点的错误信息网上查找相应的解决方法。

如果你觉得一步一步安装各种组件依赖十分麻烦，可以直接用书中文件 package.json 替换我们项目中的 package.json，然后运行命令：npm i，它将自动安装项目中所有的组件依赖。

项目初始化代码结构说明：

```
├── build // 构建相关
├── config // 配置相关
├── node_module//项目中安装的依赖模块
├── src // 源代码
│   ├── main.js //程序入口文件
│   ├── App.vue //程序入口 vue 组件
│   ├── router //路由
│   ├── components //组件
│   │   └── ...
│   └── assets//资源文件夹，一般放一些静态资源文件
│       └── ...
├── static // 第三方不打包资源
├── .babelrc // babel-loader 配置
├── .editorconfig // 编辑配置文件
├── eslintignore.js // eslint 忽略配置项
├── eslintrc.js // eslint 配置项
├── .gitignore // git 忽略项
├── .postcssrc.js //添加浏览器私缀
├── index.html // index.html 入口模板文件
├── package.json // 项目文件，记载着一些命令和依赖还有简要的项目描述信息
├── package-lock.json // 锁定安装时的包的版本号
└── README.md // 项目说明手册
```

10.3 完善项目结构

现在项目的基础结构已经搭建起来了，但是我们还需要对这个基础项目结构进行进一步的完善。

10.3.1 设置浏览器图标

我们可以到一些在线网站，诸如 http://www.bitbug.net/，直接生成浏览器图标。如果公司有专门的 UI 设计人员，通常他们会为我们提供，拿到这个图标后，将这个图标文件命名为 favicon.ico（注意名称和格式都不能改），然后存放到项目的根目录下。favicon.ico 通常代表当前项目的图片标识。

10.3.2 完善 src 源码目录结构

根据当前项目的应用场景，分析项目可能会用到如下一些功能模块，我们在 src 目录中分别新建如下目录：

- views: 用于存放所有的业务组件页面。

- utils：全局公用方法。
- axios：axios 请求相关文件。
- filter：全局过滤器文件。
- enum：所有公共枚举。
- mock：项目 mock 模拟数据。
- directive：全局指令。

在项目的架构设计阶段，很难一次性把所有的应用场景都考虑到，所以后续如果有新的一些需求场景，我们可以不断地调整和完善代码的目录结构，这并非一成不变的。

10.3.3　引入 Element UI

安装 Element UI：

```
npm install -save element-ui
```

考虑到项目中将会使用到 Element UI 中的大多数组件，为了方便起见，这里采用完整引入的方式。在 main.js 中，添加如下代码：

```
import ElementUI from 'element-ui';
Vue.use(ElementUI, {
  size: 'small'
});
```

10.3.4　封装 axios 请求

安装 axios：

```
npm install axios -save
```

在 axios 目录下新建 axios.js 文件，我们将对 axios 做一些全局的配置和封装，主要封装 axios 的拦截器和响应状态码提示信息。axios 拦截器包括请求拦截器和响应拦截器，在请求拦截器中，我们通常给所有请求的请求头添加 token，作为接口的权限验证标识。在响应拦截器中，我们通常根据接口返回的响应码来进行不同的操作，这个响应码可以在后端接口统一定义，比如这里设置 401 代表 token 失效，200 代表请求正常，其他的均代表不同的异常请求信息。当 token 失效时，我们将先给弹窗一个提示信息，然后自动跳转到登录页，而当响应码不是 200 时，弹窗对应的错误提示信息，这个错误提示信息，可以是后端统一定义，也可以由前端来定义，在这里是由前端来定义提示信息。

说　明
this.$message 是 Element UI 中的消息提示组件调用方式。

```
import promise from 'es6-promise'
```

```js
promise.polyfill()
import axios from 'axios'
import Vue from 'vue'
// 错误状态码处理提示
class MessageTip extends Vue {
    static messageTipInstance = null
    messageTip = null

    static instance() {
        if (!this.messageTipInstance) {
            this.messageTipInstance = new MessageTip()
        }
        this.messageTipInstance
    }

    // 提示信息
    msgInfo(msg) {
        this.messageTip && this.messageTip.close()
        this.messageTip = this.$message({
            showClose: true,
            message: msg,
            type: 'error',
            center: true
        })
    }

    // 错误信息
    errorInfo(errorCode) {
        this.messageTip && this.messageTip.close()
        var msg = ''
        switch (errorCode) {
            case 400:
                msg = '请求错误'
                break
            case 401:
                msg = '登录会话过期，请重新登录'
                break
            case 403:
                msg = '拒绝访问'
                break
            case 404:
                msg = '请求地址出错'
                break
```

```
                    case 408:
                        msg = '请求超时'
                        break
                    case 500:
                        msg = '服务器内部错误'
                        break
                    case 501:
                        msg = '服务器未实现'
                        break
                    case 502:
                        msg = '网络错误'
                        break
                    case 503:
                        msg = '服务不可用'
                        break
                    case 504:
                        msg = '网关超时'
                        break
                    case 505:
                        msg = 'HTTP版本不受支持'
                        break
                }
                this.messageTip = this.$message({
                    showClose: true,
                    message: msg,
                    type: 'error',
                    center: true
                })
            }
        }

const messageTip = new MessageTip()

//设置post请求数据，默认为json格式
axios.defaults.headers.post['Content-Type'] = 'application/json;charset=UTF-8'
axios.defaults.withCredentials = true
//给所有请求接口自动添加/api前缀
axios.defaults.baseURL = '/api'
//设置接口默认超时时间为5s
axios.defaults.timeout = 5000
// 请求拦截器
axios.interceptors.request.use(
    config => {
```

```
            // 登录验证
            config.headers.token =
                localStorage.getItem('$token_info')
            return config
        },
        error => {
            return Promise.reject(error)
        }
)

// 响应拦截器
axios.interceptors.response.use(
    response => {
        console.log('response', response)
        if (response && response.data && response.data.code === 401) {
            //token 过期
            messageTip.errorInfo(response.data.code)
            Storage.removeAllLocalStorage()
            this.$router.push('/login')
        }
        if (
            response &&
            response.data &&
            response.data.code !== 200 &&
            response.data.msg
        ) {
            messageTip.msgInfo(response.data.msg)
        }
        return response.data
    },
    error => {
        error &&
            error.response &&
            error.response.status &&
            messageTip.errorInfo(error.response.status)
        return Promise.reject(error)
    }
)
export default axios
```

在 axios 的全局配置好了之后，我们还可以继续封装 axios 的几种请求方式。在实际项目中，使用最多的就是 get 请求和 post 请求，所以只需要对这两种请求方式进行封装，考虑后端接口，有些是接收 JSON 格式的参数，有些是接收 url 表单的数据格式，这里分别使用了两个不同的 post 方法来单独进行封装。在 axios 目录下，继续新建文件 request.js，代码如下：

```js
import axios from "./axios";
import qs from "qs";
export default {
    // get 请求
    get(url, param) {
        return new Promise((resolve, reject) => {
            axios({
                method: "get",
                url,
                params: param
            })
                .then((res = {}) => {
                    if (res.code !== 200) reject(res);
                    resolve(res);
                })
                .catch(_ => reject(_));
        });
    },
    // post 请求
    post(url, param, headers) {
        return new Promise((resolve, reject) => {
            axios({
                method: "post",
                url,
                data: param
            })
                .then((res = {}) => {
                    if (res.code !== 200) reject(res);
                    resolve(res);
                })
                .catch(_ => reject(_));
        });
    },
    // url 表单请求
    postForm(url, param, headers) {
        return new Promise((resolve, reject) => {
            axios({
                method: "post",
                url,
                headers: {
                    "Content-Type": "application/x-www-form-urlencoded"
                },
                data: qs.stringify(param)
            })
                .then((res = {}) => {
                    if (res.code !== 200) reject(res);
                    resolve(res);
                })
                .catch(_ => reject(_));
```

```
        });
    },
    // post 表单数据
    postFormData(url, param) {
        const formtData = new FormData();
        for (const k in param) {
            formtData.append(k, param[k]);
        }
        return this.ajax({
            url: url,
            method: "post",
            headers: {
                "Content-Type": "multipart/form-data"
            },
            data: formtData
        });
    }
};
```

10.3.5 Ajax 跨域支持

1. 为什么会出现跨域问题？

出于浏览器的同源策略限制。同源策略（Sameoriginpolicy）是一种约定，它是浏览器最核心也最基本的安全功能，如果缺少了同源策略，那浏览器的正常功能可能都会受到影响。可以说 Web 是构建在同源策略基础之上的，浏览器只是针对同源策略的一种实现。同源策略会阻止一个域的 JavaScript 脚本和另外一个域的内容进行交互。所谓同源（即指在同一个域）就是两个页面具有相同的协议（protocol）、主机（host）和端口号（port）。

当一个请求 url 的协议、域名、端口三者之间任意一个与当前页面 url 不同即为跨域。非同源限制的情形如下：

- 无法读取非同源网页的 Cookie、LocalStorage 和 IndexedDB。
- 无法接触非同源网页的 DOM。
- 无法向非同源地址发送 Ajax 请求。

2. 最常见的两种跨域方式

在开发中，最常见的两种跨域方式：

- 后端 API 接口支持跨域，也即 CORS。
- 前端反向代理。

（1）CORS 是跨域资源分享（Cross-Origin Resource Sharing）的缩写。它是 W3C 标准，属于跨源 AJAX 请求的根本解决方法。

服务器端对于 CORS 的支持，主要是通过设置 Access-Control-Allow-Origin 来进行的。如果浏览器检测到相应的设置，就可以允许 Ajax 进行跨域的访问。

（2）如果后端接口支持跨域，那就没有前端什么事了，直接用 JS 调用接口就可以访问。但是许多时候，后端接口并没有做跨域支持，那么此时，就需要我们通过代理配置来实现跨域了。步骤如下：

① 在 webpack 进行代理配置。在 config 目录中，添加文件 proxy-config.js，并添加如下代码：

```
module.exports = {
  proxy: {
    '/api': {
      target: 'http://192.168.1.152', // API 接口服务器地址
      secure: false, // 如果是 https 接口，需要配置这个参数
      changeOrigin: true
      // pathRewrite: {
      //     // 如果接口本身没有/api 需要通过 pathRewrite 来重写了地址
      //     '^api': ''
      // }
    }
  }
}
```

② 假设这里所有的后端接口都有一个 /api 前缀，那么上述代码将会将本地的 http://localhost 请求直接转发到 http://192.168.1.152/api。假如本地请求 http://localhost/login，实际上将会对 http://192.168.1.152/api/login 发起请求。

③ 修改 config 目录中的 index.js 文件：

```
const proxyConfig = require('./proxy-config'); //引入代理配置文件

module.exports = {
  dev: {
    // Paths
    assetsSubDirectory: 'static',
    assetsPublicPath: '/',
proxyTable: proxyConfig.proxy, //设置代理
……
```

在这里配置的是开发环境下的跨域支持。如果是在生产环境要跨域呢？可以通过 Nginx 进行反向代理配置来实现跨域支持。

10.3.6 封装全局的 css 变量文件

新增 CSS 变量文件"/src/assets/scss/variables.scss"。如果想要这个 CSS 文件中的变量自动引入到所有页面中，首先需要安装 sass-resources-loader，运行下面命令：

```
npm I sass-resources-loader -S
```

然后需要对 build 目录下的 utils.js 文件做修改，在 exports.cssLoaders 中添加如下代码：

```
// 全局文件引入 当然只想编译一个文件的话可以省去这个函数
function resolveResource(name) {
  return path.resolve(__dirname, '../src/assets/scss/' + name);
```

```
  }
  function generateSassResourceLoader() {
    var loaders = [
      cssLoader,
      'sass-loader',
      {
        loader: 'sass-resources-loader',
        options: {
          // 多个文件时用数组的形式传入,单个文件时可以直接使
用 path.resolve(__dirname, '../src/assets/scss/variables.scss'
          resources: [resolveResource('variables.scss')] //variables
        }
      }
    ];
    if (options.extract) {
      return ExtractTextPlugin.extract({
        use: loaders,
        fallback: 'vue-style-loader'
      });
    } else {
      return ['vue-style-loader'].concat(loaders);
    }
  }
```

同时修改 exports.cssLoaders 中的 return:

```
// vue-cli 默认 sass 配置
// sass: generateLoaders('sass', { indentedSyntax: true }),
// scss: generateLoaders('sass'),
// 新引入的 sass-resources-loader
sass: generateSassResourceLoader(),
scss: generateSassResourceLoader(),
```

注意:每次修改了配置文件,需要重新编译项目。

10.3.7 vue-wechat-title 动态修改 title

当界面路由变化时,发现浏览器 title 没有变化,我们可以使用 vue-wechat-title 插件动态修改 tilte。

(1) 安装 npm vue-wechat-title –save。
(2) 在 main.js 中引入和使用:

```
import VueWechatTitle from 'vue-wechat-title';
Vue.use(VueWechatTitle);
```

(3) 路由配置中设置 meta:{ title :标题名称}。
(4) 在 App.vue 文件中配置:

```
<router-view v-wechat-title="$route.meta.title" />
```

10.3.8　封装全局的配置文件 base-config.js

在 src 目录下，新建项目配置文件 base-config.js，用于存储一些全局的变量，代码如下：

```js
// 此文件用于存储全局公用配置
export default class BaseConfig {
  constructor() {}
  static title = '天下会管理平台';
  static validate = {
    pwd: {
      min: 5,
      max: 16,
      message: '长度在 5 到 16 个字符',
      trigger: 'blur'
    }
  };
  //loading 对象实体
  static loading = {
    text: '拼命加载中',
    spinner: 'el-icon-loading',
    background: 'rgba(240,248,255, 0.5)'
  };
  // 请求 ip+port 地址
  static BASE_IP = process.env.BASE_IP;
  static messageDuration = 2000;
}
```

10.4　项目介绍及其界面设计

本项目是虚拟构建的一个"天下会"后台管理系统，主要是为了将前面所学的知识和实际工作中的常见的一些需求应用场景结合起来，从而引导读者如何学以致用。

假设有两种不同的系统角色，一个是堂主/舵主，一个是帮主。不同的角色根据登录时输入不同的账号，自动获取到不同的界面和按钮权限。

> **说　明**
>
> 后端接口都将通过 mock 来实现，考虑到真实项目的复杂性，自然无法将整个项目所有的业务需求和实现一一展示出来，我们将挑选出一些有代表性的功能进行系统分析和详细讲解。

帮主界面如图 10-4 所示。

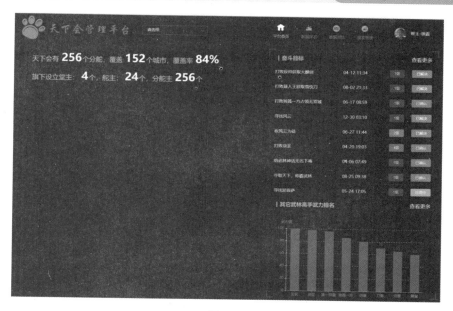

图 10-4

说　明

　　这里做了许多简化，把堂主和舵主直接放一块了，实际应用中，堂主和帮主的界面可能一样，只是数据权限不一样，也就是说帮主可以看到系统所有的数据，而堂主可以看到下面所有分舵的数据，而舵主则只能看到分舵下面的数据，舵主界面如图 10-5 所示。

图 10-5

　　堂主/舵主界面如图 10-6 和图 10-7 所示。

图 10-6

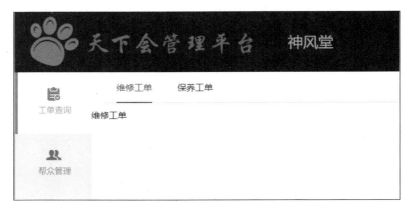

图 10-7

10.5 项目设计和分析

从上一节的界面来看,我们可以看到两种不同的角色。

- 不同点:首页不同,一二级菜单界面也不同。
- 相同点:顶部菜单和左侧菜单以及除首页以外的其他界面布局基本一致。

通常有两处以上相同的地方,就要考虑到可以复用,可以封装成公共的组件。如果只有细微的差别,也可以考虑封装为独立的组件,然后暴露出不同的属性等。只有一处地方使用的,功能相对比较独立的,可以独立为一个组件页面。前端组件化和模块化,同软件设计的思想是一致的,我们可以遵循单一职责原则,让所有独立的功能组件,尽量保持职责单一;而一些布局组件页面,又可以由多功能单一的组件组成,这就相当于作为一个模块。

10.5.1 帮主首页

以帮主首页为例，我们来一步一步分析。

1. 划分界面布局模块

如图 10-8 所示，可以将首页划分为如下模块：barnner、首页菜单、用户、列表、报表。

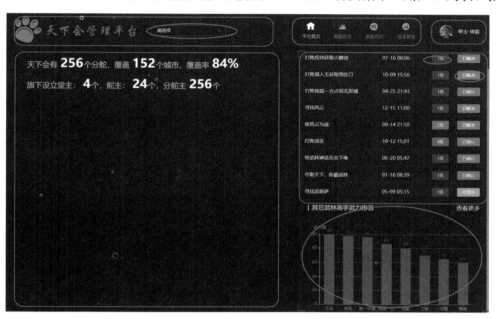

图 10-8

在 src\views\dashboard 目录下新建 index.vue 作为首页的入口界面，也相当于是一个整体布局界面，代码如下所示：

```
<template>
  <div class="platform">
    <div class="index-top">
      <!-- barnner -->
      <Logo logo-name="logo" link-url="plat-index" />
      <div class="i-tree">
        <Projecttree v-model="treeData"></Projecttree>
      </div>
      <!-- 用户 -->
      <top-user />
      <!-- 菜单 -->
      <Menu />
    </div>
    <div class="index-container">
      <div class="i-left">
        <!-- 地图 -->
```

```
        <Map></Map>
      </div>
      <div class="i-right">
        <span class="border left-top" />
        <span class="border right-top" />
        <span class="border left-bottom" />
        <span class="border right-bottom" />
        <div class="i-content">
          <!-- 奋斗目标 -->
          <matter-detail></matter-detail>
          <!-- 其他武林高手武力排名 -->
          <matter-rank></matter-rank>
        </div>
      </div>
    </div>
  </div>
</template>
```

2. 封装组件

接下来，将前面划分的模块封装为独立组件。有两处及以上使用的，就封装为公共组件，否则封装为页面组件。公共组件全部放到目录 components 下，而页面组件直接放置到 views 目录下。同帮主首页相关界面建议与 index.vue 放置在同级目录下。

关于每一个组件的具体实现，这里不再讲述，读者可以直接阅读源码。

10.5.2 其他管理界面

如图 10-9 所示，我们看到其他管理界面有一个很大的共性，那就是基本上只有内容区域是动态编号的，顶部导航、左侧菜单导航以及子菜单导航位置都是一致的。

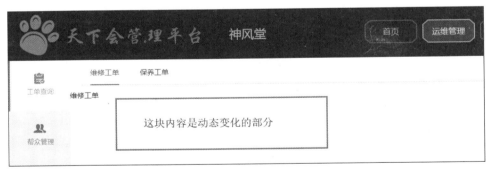

图 10-9

考虑到后续帮主的后台可能会和舵主的后台界面有较大的出入，所以这里用了两个不同的目录来分别存储，如图 10-10 所示。

图 10-10

以分舵为例（对应的 shop），我们来看一下如何构建它的管理界面。

Home.vue，作为界面的容器，它同时包含了顶部导航、左侧菜单以及右侧变化的部分，在变化部分的外层添加了全局的 loading 控制，因为我们动态加载的界面部分需要发起一些数据的异步请求，可能比较费时间。

```
<template>
  <div class="app-container">
    <!-- 顶部导航 -->
    <v-head />
    <div class="content-container">
      <!-- 左侧菜单 -->
      <v-sidebar />
      <div
        class="main-container"
        v-loading="loading"
        :element-loading-text="$baseConfig.loading.text"
        :element-loading-spinner="$baseConfig.loading.spinner"
        :element-loading-background="$baseConfig.loading.background"
      >
        <transition name="move" mode="out-in">
          <!-- 缓存部分组件 -->
          <template v-if="$route.meta.keepAlive">
            <keep-alive>
              <router-view />
            </keep-alive>
          </template>
          <template v-else>
            <router-view />
          </template>
        </transition>
```

```
      </div>
    </div>
  </div>
</template>

<script>
import vHead from './Header.vue'
import vSidebar from '../../sidebar/index'

export default {
  name: 'Home',
  components: {
    vHead,
    vSidebar
  },
  computed: {
    loading: function () {
      return this.$store.getters.getLoading;
    }
  },
}
</script>
<style lang="scss" scoped>
@import "../scss/home.scss";
</style>
```

而 Container.vue 作为每一个动态变化部分的父容器组件，在这个组件中，封装了子菜单导航，也就是 el-tabls 组件，并记录子菜单高亮显示。当页面刷新时，自动高亮展示子菜单导航，同时根据菜单页面获取菜单页面中的按钮权限。

```
<template>
  <div class="p-container">
    <div class="sub-nav">
      <el-tabs v-model="activeIndex" @tab-click="handleClick">
        <el-tab-pane
          v-for="item in tabsData"
          :label="item.title"
          :name="item.index"
          :key="item.index"
        >
          <template v-if="item.index==activeIndex">
            <router-view></router-view>
          </template>
        </el-tab-pane>
```

```html
      </el-tabs>
    </div>
  </div>
</template>
```

```html
<script>
/**
 * 子页面路由容器
 */
import { getBtnsByIndex } from '@/utils/permission.js';
export default {
  computed: {
    tabsData () {
      return this.$store.getters.getCurLeafMenus;
    },
  },
  data () {
    return {
      activeIndex: '',
    };
  },
  watch: {
    '$route': function (to, from) { // 路由改变时执行
      this.activeIndex = this.$route.path;
      this.getBtns(this.activeIndex);
    }
  },
  created () {
    this.activeIndex = this.$route.path;
    this.getBtns(this.activeIndex);
  },
  methods: {
    handleClick (tab, event) {
      this.$router.push({ path: this.activeIndex });
    },
    //根据 index 获取 page 中 button 权限
    getBtns (key) {
      var btns = getBtnsByIndex(key);
      this.$store.commit('permission/setPageBtns', btns || [])
    },
  }
};
</script>
```

10.5.3 设计路由

接下来设计路由，首页就是要设计项目界面的目录结构。在本项目中，一级菜单目录结构有：帮主首页、数据排名、数据对比、报表管理、舵主首页、运维管理、事项管理、招聘管理、资金管理。为此，我们将按照一级菜单功能模块来进行目录划分，界面结构如图 10-11 所示。

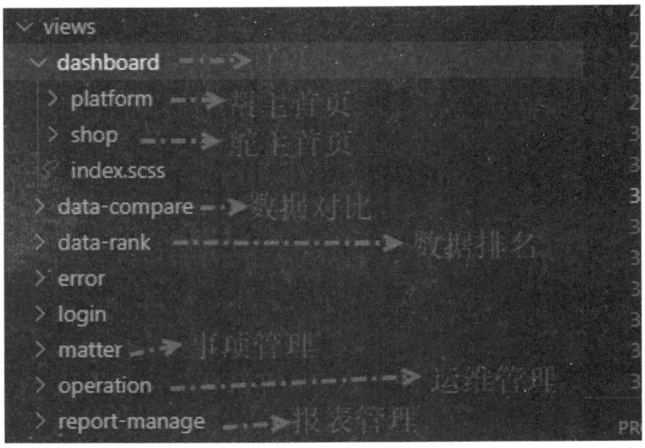

图 10-11

我们再来看一下路由，如图 10-12 所示。

图 10-12

index.js 是路由的入口文件，里面存放一些公共的路由，并自动装载其他模块的路由。代码如下：

```
import Vue from 'vue';
import Router from 'vue-router';
import BaseConfig from '../base-config';
Vue.use(Router);

const modulesFiles = require.context('./modules', false, /\.js$/);

var otherRouters = []; //其他子模块路由
modulesFiles.keys().forEach(modulePath => {
  const value = modulesFiles(modulePath);
```

```js
    otherRouters.push(value.default);
    return otherRouters;
}, {});
//基础路由
let baseRouters = [
  {
    path: '/',
    redirect: '/login'
  },
  {
    path: '/plat-index',
    component: resolve =>
      require(['../views/dashboard/platform/index.vue'], resolve),
    meta: {
      title: BaseConfig.title + '-平台首页'
    }
  },
  {
    path: '/shop-index',
    component: resolve =>
      require(['../views/dashboard/shop/index.vue'], resolve),
    meta: {
      title: '分舵首页'
    }
  },
  {
    path: '/login',
    component: () => import('@/views/login/index'),
    hidden: true,
    meta: {
      title: BaseConfig.title + '-系统登录', // 标题
      keepAlive: true // 需要被缓存
    }
  },
  {
    path: '/404',
    component: resolve => require(['@/views/error/404.vue'], resolve)
  }
];
export default new Router({
  fallback: false,
  mode: 'history',
  // linkActiveClass: 'is-active',
```

```js
  routes: baseRouters.concat(otherRouters)
});
```

operation.js 是运维管理模块的路由。注意，最外层的父组件是 Home.vue，它作为一级菜单的父组件，而 Container.vue 作为子菜单页面的父组件。代码如下：

```js
// 运维管理
const operationRouter = {
  path: '/operation',
  component: resolve => require(['@/components/layout/shop/Home.vue'], resolve),
  name: 'operation',
  meta: {
    title: '运维管理'
  },
  children: [
    {
      path: '/operation/bill-search',
      component: () => import('@/components/layout/Container.vue'),
      name: 'bill-search',
      meta: { title: '工单查询' },
      children: [
        {
          path: '/operation/bill-search/repair',
          component: () =>
            import('@/views/operation/bill-search/repair-bill/index.vue'),
          meta: {
            title: '维修工单'
          }
        },
        {
          path: '/operation/bill-search/maintain',
          component: () =>
            import('@/views/operation/bill-search/maintain-bill/index.vue'),
          meta: {
            title: '保养工单'
          }
        }
      ]
    },
    {
      path: '/operation/member',
      component: () => import('@/components/layout/Container.vue'),
```

```
      meta: { title: '帮众管理' },
      children: [
        {
          path: '/operation/member/member-list',
          component: () => import('@/views/operation/member/MemberList.vue'),
          meta: {
            title: '帮众管理'
          }
        }
      ]
    }
  ]
};
export default operationRouter;
```

其他几个路由文件代码和 operation.js 差不多，此处不再赘述。

10.5.4 设计业务逻辑层

业务逻辑层主要存放发起一些业务请求的方法封装，和路由一样，可以通过安装功能模块来划分，如图 10-13 所示。

图 10-13

以 operation.js 为例。代码如下：

```
/**
 * 【运维管理】相关的业务操作
 */

import url from '../axios/url';
import request from '../axios/request';

//-------------------帮众管理----------------
/**
 * 分页查询-人员信息
 * @param {*} params
```

```
 */
export function getMemberList(params) {
  return request.post(url.operation.getMemberList, params);
}
/**
 * 获取部门下拉框数据
 */
export function getDepartSelected() {
  return request.get(url.operation.getDepartSelected);
}
```

10.5.5 Vuex 设计

秉承着模块化的思想，这里的 Vuex 也采用了分模块来设计，如图 10-14 所示。

图 10-14

其中，base.js 存放一些基本信息操作。permission.js 存放一些和权限相关的数据操作。

```
/** 权限相关 */
import Storages from '../../utils/storages';
const state = {
    curLeafMenus: null, //当前叶子菜单数组
    pageBtns: null //页面按钮权限
};

const mutations = {
    setPageBtns(state, val) {
        if (val) {
            state.pageBtns = val;
            Storages.setLocalStorage('$page_btns', val);
        }
    },
    setCurLeafMenus(state, val) {
        if (val) {
            state.curLeafMenus = val;
```

```
                Storages.setLocalStorage('$curLeafMenus', val);
            }
        }
};

const actions = {};

export default {
    namespaced: true,
    state,
    mutations,
    actions
};
```

user.js 存放和用户相关的数据操作。getters.js 相当于 Vuex 中的计算属性集合，用于数据的获取。index.js 是入口文件。

```
import Vue from 'vue';
import Vuex from 'vuex';
import getters from './getters';

Vue.use(Vuex);

// https://webpack.js.org/guides/dependency-management/#requirecontext
const modulesFiles = require.context('./modules', false, /\.js$/);

// you do not need `import app from './modules/app'`
// it will auto require all vuex module from modules file
const modules = modulesFiles.keys().reduce((modules, modulePath) => {
    // set './app.js' => 'app'
    const moduleName = modulePath.replace(/^\.\/(.*)\.\w+$/, '$1');
    const value = modulesFiles(modulePath);
    modules[moduleName] = value.default;
    return modules;
}, {});

export default new Vuex.Store({
    modules,
    getters
});
```

10.5.6 权限设计

关于系统权限，通常有菜单权限、按钮权限、数据权限。在本项目中，最低数据权限粒度为分舵，以分舵编号作为必选的查询条件，帮主将查询所有分舵编号，则有可以查询所有数据的权限，堂主可以查询堂下面的所有分舵数据。

菜单和按钮权限通常和角色进行关联，可以根据不同的角色赋予不同的菜单和按钮权限。本项目作为演示示例目前只设置了两种角色：帮主和舵主，而实际项目中可能会有许许多多的角色。

路由权限既可以使用静态加载路由，也可以使用动态加载路由。

1. 动态加载路由

其实实现起来也很简单，首先创建一个公共路由文件，用于存储跟角色无关的公共路由配置，然后在登录的时候，根据不同的角色动态地加载菜单列表，菜单列表则对应路由所对应的组件文件，然后根据菜单的父子级，构建相应的路由表。

vue-router2.2 新添的 router.addRouter(routes)方法可以通过代码的形式动态添加路由。

2. 静态加载路由

静态加载路由则是一次性将所有的路由全部加载，然后根据不同登录角色，来判断某些路由是否有权限访问，本项目采用的是静态路由加载。

采用动态加载路由还是静态加载路由，可以根据实际项目需要自行决定。需要注意的是，采用动态加载路由，必须使用 vue-router2.2 及以上版本，并且需要将组件的路径存储到数据表中，而组件的路径在开发阶段是经常变化的，需要频繁修改数据库，这对于一些对数据库不熟悉的前端人员来说会比较麻烦，往往需要后端人员协助。而采用静态加载路由，则需要注意根据不同的角色进行路由权限的判断，在每一次路由跳转的时候都要进行校验。

10.5.7　菜单组件

在 src\components\sidebar 目录下，新建文件 index.vue、MenuTree.vue。index.vue 是组件的入口文件，MenuTree.vue 是菜单组件的子组件，方便递归调用以实现无限级菜单。

inde.vue 代码如下：

```
<template>
  <div class="sidebar-container">
    <div class="outer-container">
      <div class="sidebar">
        <el-menu
          class="sidebar-el-menu"
          :default-active="defaultActive"
          :collapse="collapse"
          background-color="white"
          text-color="#858585"
          active-text-color="#67CBFF"
          unique-opened
          router
```

```
          @select="handleSelect"
        >
          <MenuTree :items="items" />
        </el-menu>
      </div>
    </div>
  </div>
</template>
<script>
import Storages from '../../utils/storages';
import MenuTree from './MenuTree'
import { getSubMenuById, getRootMenu, getSubmMenusByPreIndex, getShopAuthoritiesArr, getBtnsByIndex } from '../../utils/permission.js';
export default {
  components: { MenuTree },
  props: {
    // 用于区分是分舵还是平台
    category: {
      type: String,
      default: 'shop'
    }
  },
  data () {
    return {
      collapse: true,
      items: []
    }
  },
  computed: {
    defaultActive: function () {
      return this.$store.getters.getLeftNavState;
    },
    TopNavState: function () {
      return this.$store.getters.getTopNavState;
    },
    AuthoritiesArr: function () {
      return getShopAuthoritiesArr();
    },
    leftNavRefresh: function () {
      return this.$store.getters.getLeftNavRefresh;
    }
  },
  watch: {
```

```js
    '$route': function (to, from) { // 路由改变时执行
      if (this.leftNavRefresh) {
        this.initSidebarData();
        this.$store.commit('base/updateLeftNavRefresh', false);
      }
      this.refreshInit(this.$route.path);
    }
  },
  created () {
    this.initSidebarData();
    this.refreshInit(this.$route.path);
  },
  methods: {
    /**
     * 匹配斜杠出现的次数
     */
    patchNums (path) {
      return path.split('/').length - 1;
    },
    // 页面刷新初始化：解决直接复制地址在新页面打开没有默认选中的问题
    refreshInit (path) {
      var lastIndex = path.lastIndexOf('\/');
      //如果是从首页直接跳转过来的，要截取掉请求参数
      var endResult = this.$route.query.Referer ? path.substring(lastIndex + 1, path.length) : path;
      var subItems = [];//叶子菜单
      var firstIndex = path.indexOf('\/');
      //如果是三级菜单地址，当三级菜单切换后刷新界面，依旧记录左侧菜单选中
      if (this.patchNums(path) > 2) {
        //三级菜单要移除最后一级 url 路径
        endResult = path.substring(firstIndex, lastIndex);
        subItems = getSubmMenusByPreIndex(endResult, this.category);
        endResult = subItems && subItems.length > 0 ? subItems[0].index : endResult;
      } else if (this.patchNums(path) == 2) {//二级菜单，分舵取全路径
        if (this.category == 'plat') { //平台菜单要移除最后一级 url 路径
          endResult = path.substring(firstIndex, lastIndex);
        }
        subItems = getSubmMenusByPreIndex(endResult, this.category);
        endResult = subItems && subItems.length > 0 ? subItems[0].index :
          endResult;
      }
      else {
```

```
      subItems = getSubmMenusByPreIndex(endResult, this.category);
    }
    //存储当前叶子菜单数组
    if (subItems.length > 0) {
      this.$store.commit('permission/setCurLeafMenus', subItems);
    } else {
      this.$store.commit('permission/setCurLeafMenus', []);
    }
    this.$store.commit('base/updateLeftNavStatus', endResult);
    this.getBtns(endResult);
  },
  //根据 index 获取 page 中 button 权限
  getBtns (key) {
    var btns = getBtnsByIndex(key);
    if (btns && btns.length > 0) {
      this.$store.commit('permission/setPageBtns', btns)
    }
  },
  // 初始化菜单及默认激活项
  initSidebarData () {
    var activeNav = this.TopNavState;
    if (this.category === 'shop') {
      var authoritiesMenu = this.AuthoritiesArr;
      if (activeNav.lastIndexOf('/') > 0) {
        activeNav = '/' + activeNav.split('/')[1];
      }
      this.items = getSubMenuById(authoritiesMenu, activeNav);
    } else { // 平台取一级菜单
      var authoritiesMenu = Storages.getLocalStorage('$platMenus');
      this.items = getRootMenu(authoritiesMenu);
    }
  },
  /**
   * 菜单激活回调
   * index: 选中菜单项的 index
   * indexPath: 选中菜单项的 index path
   */
  handleSelect (key, keyPath) {
    this.$store.commit('base/updateLeftNavStatus', this.$route.path);
  }
 }
}
```

```
</script>
```

MenuTree.vue 代码如下：

```
<template>
  <div class="subMenu">
    <template v-for="item in items ">
      <!-- 普通菜单 -->
      <template v-if="item.subs&&item.menuType!='page'">
        <el-submenu :key="item.id" :index="getSubIndex(item)">
          <template slot="title">
            <i :class="item.icon" />
            <span slot="title" class="title">{{ item.title }}</span>
            <div slot="title" class="line" />
          </template>
          <MenuTree :items="item.subs" />
        </el-submenu>
      </template>
      <template v-else>
        <!-- 子弹窗菜单 -->
        <el-menu-item
          :key="item.id"
          :index="getSubIndex(item)"
          v-if="item.menuType=='sub'"
          class="leaf"
        >
          <span class="menu-title">{{ item.title }}</span>
        </el-menu-item>
        <el-menu-item v-else :key="item.id" :index="getSubIndex(item)">
          <i :class="item.icon" />
          <!-- <span slot="title" class="title">{{ item.title }}</span>
          <div slot="title" class="line"/> 悬浮子弹窗形式-->
          <span class="title">{{ item.title }}</span>
          <div class="line" />
        </el-menu-item>
      </template>
    </template>
  </div>
</template>

<script>
export default {
  name: 'MenuTree',
  props: {
```

```
      items: {
        type: Array,
        default: () => []
      }
    },
    data () {
      return {}
    },
    created () {
    },
    methods: {
      getSubIndex (item) {
        let result = '';
        if (item.subs && item.subs.length > 0) {
          result = item.subs[0].subs && item.subs[0].subs.length > 0 ? item.subs[0].subs[0].index : item.subs[0].index;
        } else {
          result = item.index;
        }
        return result;
      }
    }
  }
</script>
```

当我们点击顶部一级菜单时，默认选中该一级菜单下面的第一个二级菜单，同时选中该二级菜单下的第一个三级菜单选项。

例如：若我们点击"运维管理"，则"工单查询"和"维修工单"自动高亮。若该角色的"工单查询"菜单下只有"保养工单"，则"保养工单"高亮。

通过监听路由的变化，可以获取父菜单地址，然后根据父菜单获取子菜单列表。按钮权限是伴随着菜单列表一并加载过来的，所以当路由变化时,根据菜单获取到菜单下面的按钮权限。当页面刷新后，要记录菜单的高亮选中状态，所以需要将各级选中的菜单进行持久化存储,存储到 localStorage 中。

10.6 表单验证

关于表单验证，这里我们将通过修改密码这个功能来演示，界面效果如图 10-15 和图 10-16 所示。

图 10-15

图 10-16

element 中的 Form 组件提供了表单验证的功能，只需要通过 rules 属性传入约定的验证规则，并将 Form-Item 的 prop 属性设置为需校验的字段名即可。关于表单组件的详细使用请参考官方文档：https://element.eleme.cn/#/zh-CN/component/form。

在 src\components\nav 目录下，新建修改密码组件"ModifyPassword.vue"。代码如下：

```
<template>
  <div>
    <el-form ref="ruleForm" :model="ruleForm" :rules="rules"
    label-width="100px">
      <el-row :gutter="0">
        <el-col :span="23">
          <el-form-item label="原始密码" prop="oldPwd">
            <pwd-btn v-model.trim="ruleForm.oldPwd" placeholder="原始密码">
            </pwd-btn>
          </el-form-item>
        </el-col>
      </el-row>
      <el-row :gutter="0">
        <el-col :span="23">
          <el-form-item label="新密码" prop="password">
            <pwd-btn v-model.trim="ruleForm.password" placeholder="新密码">
            </pwd-btn>
          </el-form-item>
```

```
          </el-col>
       </el-row>
       <el-row :gutter="0">
          <el-col :span="23">
             <el-form-item label="新密码确认" prop="checkPass">
                <pwd-btn v-model.trim="ruleForm.checkPass" placeholder="新密码确认">
                </pwd-btn>
             </el-form-item>
          </el-col>
       </el-row>
    </el-form>
    <div slot="footer" class="dialog-footer">
       <div style="display: inline-block">
          <el-button type="primary" @click="submitForm('ruleForm')">确 定
          </el-button>
          <el-button @click="isHide">取 消</el-button>
       </div>
    </div>
  </div>
</template>

<script>
import { changePwd } from '../../services/user-service';
import PwdBtn from '../form/PwdBtn'
import { validatePwd, validatePwdCheck } from '@/utils/validate-utils.js'
export default {
  name: 'modify-password',
  props: ['info'],
  components: {
    PwdBtn
  },
  data () {
    return {
      visible: true,
      id: this.info.id,
      ruleForm: {
        oldPwd: '',
        password: '',
        checkPass: ''
      },
      rules: {
        oldPwd: [
          { required: true, message: '请输入原始密码', trigger: 'blur' }
```

```
      ],
      password: [
        { validator: validatePwd, trigger: 'blur' },
        this.$baseConfig.validate.pwd
      ],
      checkPass: [
        {
          validator: (rule, value, callback) => {
            return validatePwdCheck(rule, value, callback,
            this.ruleForm.password)
          },
          trigger: 'blur'
        },
        this.$baseConfig.validate.pwd
      ]
    }
  };
},
watch: {
  info: {
    handler (newData, oldData) {
      this.id = newData.id;
    },
    deep: true
  }
},
created () {
  this.ruleForm = {
    oldPwd: '',
    password: '',
    checkPass: ''
  };
},
methods: {
  submitForm (formName) {
    this.$refs[formName].validate(valid => {
      if (valid) {
        console.log('验证成功')
        changePwd(
          {
            id: this.id,
            password: this.ruleForm.oldPwd, //旧密码
            newPassword: this.ruleForm.password //新密码
```

```
        })
        .then(res => {
          if (res.code === 200) {
            this.$message({
              message: '密码修改成功',
              type: 'success'
            });
            this.isHide();
          }
        })
        .catch(error => {
          console.log(error);
        });
      } else {
        console.log('error submit!!');
        return false;
      }
    });
  },
  isHide () {
    this.$refs['ruleForm'].resetFields();
    this.$emit('isHideModifyPwd', false);
  }
 }
};
</script>
```

在这里需要注意的是,自定义验证需要用到 validator,例如当我们校验两次密码输入不一致时,就需要用到自定义验证。

```
checkPass: [
        { validator: (rule, value, callback) => {
          return validatePwdCheck(rule, value, callback,
          this.ruleForm.password) },
          trigger: 'blur' },
```

validatePwdCheck 方法的代码如下:

```
// 确认密码
export function validatePwdCheck(rule, value, callback, oldPwd) {
    if (!Utils.notEmpty(value)) {
       return callback(new Error('请输入确认密码'));
    } else if (value.indexOf(' ') > -1) {
       return callback(new Error('密码不能存在空格'));
    } else if (value != oldPwd) {
```

```
            return callback(new Error('两次输入密码不一致!'));
    } else {
            return callback();
    }
}
```

在 TopUser.vue 组件中,引入 ModifyPassword.vue,TopUser.vue 代码如下:

```
<template>
  <div class="top-user">
    <span class="cursor-pointer">
      <img :src="imgUrl" style="cursor:default;" onerror="this.src ='/static/img/default-head.png'" />
      <el-dropdown trigger="click" @command="handleCommand">
        <span class="el-dropdown-link">
          <span class="role-name" v-text="roleName" />
        </span>
        <el-dropdown-menu slot="dropdown">
          <el-dropdown-item icon="iconfont icon-jilu" command="modifyPwd">
          修改密码</el-dropdown-item>
          <el-dropdown-item divided icon="loginout iconfont icon-guanbi"
            command="loginOut">退出登录</el-dropdown-item>
        </el-dropdown-menu>
      </el-dropdown>
    </span>
    <!--修改密码-->
    <el-dialog
      v-dialogDrag
      title="修改密码"
      :modal-append-to-body="false"
      :close-on-click-modal="false"
      :visible.sync="showAlterPwPopup"
      width="30%"
    >
      <modify-password :info="modifyPass"
       @isHideModifyPwd="showAlterPwPopup = false" />
    </el-dialog>
    <!--退出登录-->
    <login-out
      :show-login-out="showLoginOut"
      @loginOut="loginOut()"
      @cancleLoginOut="cancleLoginOut()"
    />
  </div>
```

```
</template>
<script>
import LoginOut from './LoginOut'
import Storages from '../../utils/storages.js'
import ModifyPassword from './ModifyPassword.vue'
import { logoutFun } from '../../services/user-service'

export default {
  components: {
    LoginOut,
    ModifyPassword
  },
  data () {
    var userInfo = this.$store.getters.getUserInfo;
    return {
      imgUrl: userInfo.picture,
      roleName: userInfo.roleName + '-' + userInfo.realName,
      showLoginOut: false,
      showAlterPwPopup: false,
      modifyPass: {
        id: userInfo.id,
        username: userInfo.username
      }
    };
  },
  methods: {
    handleCommand (command) {
      if (command == 'modifyPwd') {
        this.showAlterPwPopup = true;
      } else {
        this.showLoginOut = true;
      }
    },
    // 退出登录
    loginOut () {
      logoutFun().then((res) => {
        this.clearLoginInfo();
      }).catch(function (error) {
        console.log(error);
        this.clearLoginInfo();
      });;
      this.$router.push('/login');
    },
```

```
    //清空登录信息
    clearLoginInfo () {
      Storages.removeAllLocalStorage();
    },
    // 取消退出登录
    cancleLoginOut () {
      this.showLoginOut = false;
    },
  }
}
</script>
```

10.7 登录

在讲解登录模块之前，我们先来了解一下与登录相关且容易混淆的几个名词。

1. 账号&&帐号

账号是数字时代的代表，是每个人在特定的项目中所代表自己的一些数字等，账号的账多数跟金钱有关。

帐号是在网络和多用户操作系统中保存着一种记录，用于记录授权用户的行为。网络帐户由网络管理员创建，用来验证用户和管理与每个用户相关的策略，例如访问权限。

2. 登陆&&登录

登陆这个词里的"陆"字，就是陆地的意思，其基本含义只是登上陆地而已，引申出来才会有"登陆市场"这些意思，但绝不应该说"登陆网站"。登录（Login）：有"登记记录"的意思，输入账号密码登录网站正是为了登记记录用户资料。因此，从语言的社会使用情况和词典的释义来说，表示"进入网站"，宜使用"登录"，不宜使用"登陆"。

登录作为一个系统的入口，算是一个项目的重点部分。我们先来看下登录界面的功能：

- 用户名/手机号、密码登录。
- 忘记密码。

10.7.1 账号密码登录

1. 功能描述

用户输入用户名、密码、验证码登录系统，系统根据用户账号自动识别用户角色，根据不同角色及权限信息，进入角色对应的系统界面。

- 系统需要验证用户是否存在、密码及用户是否正确、验证码是否输入。

- 当密码错误 5 次后显示图片验证码。
- 支持手机号绑定登录。
- 登录成功后，根据用户的角色权限展示对应的数据权限和功能权限。

2. 业务流程（见图 10-17）

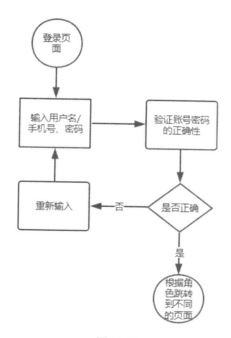

图 10-17

3. 界面原型（见图 10-18、图 10-19）

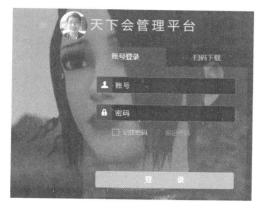

图 10-18

图 10-19

4. 数据定义

- 用户名：系统登录账号，由系统管理员配置，区分大小写。
- 密码：用户设置的密码，存储到数据库中要采用 md5 加密。

- 验证码：系统随机生成的字符码，用户防暴力尝试登录。

5. 输入

用户名、密码。

6. 输出

用户登录提示信息（登录成功跳转至页面、用户名及密码验证码是否正确等提示）

7. 约束

- 用户名必填、密码必填、验证码必填。
- 需要实现防暴力登录，若同一 IP 在秒级尝试登录，则只允许一次有效请求。
- 支持手机号绑定登录。

在 views 目录下，新建目录 login，在 login 目录下新建文件 index.vue，修改 router 目录下面的 index.js 中的代码如下：

```
import Vue from 'vue';
import Router from 'vue-router';
import BaseConfig from '../base-config';

Vue.use(Router);

export default new Router({
  routes: [
    {
      path: '/',
      redirect: '/login'
    },
    {
      path: '/login',
      component: () => import('@/views/login/index.vue'),
      meta: {
        title: BaseConfig.title + '-系统登录', // 标题
        keepAlive: true // 需要被缓存
      }
    }
  ]
});
```

在 login.vue 组件的同级目录，创建独立的样式文件 login.scss，然后在 login.vue 中引入 login.scss，引入方式如下：

```
<style lang="scss" scoped>
@import "./index.scss";
```

```
</style>
```

由于在当前项目中，我们要用到 .scss 文件，所以我们还要配置处理 scss 文件的 loader，配置方法如下：

- 运行 npm i sass-loader@7.2.0
- 运行 npm i eslint@5.16.0

10.7.2　在线生成二维码

要生成二维码，我们可以直接去在线网站生成二维码，如微微二维码：http://www.wwei.cn/，输入二维码中需要存储的信息，这里直接输入我的博客地址 https://www.cnblogs.com/jiekzou/，然后调整需要生成的二维码的大小，这里设置宽高为 250px，最后点击"生成二维码"按钮，如图 10-20 所示。

图 10-20

下载生成好的二维码图片，放置到 static\img 目录下（因为二维码图片会变更，所以放到 static 目录中）。

然后在界面中引用，注意：static 目录中的资源要以绝对路径的方式引用。

```
<img src="/static/img/code.png" alt />
```

10.7.3　制作网站 ico 图标

在线制作 ico 图标，访问网址：https://tool.lu/favicon/，制作好 ico 图标之后，将其下载下来，放置到项目根目录下，注意名称请命名为 favicon.ico。

Vue 脚手架使用了 HtmlWebpackPlugin 插件打包 index 中的依赖，因此设置小图标的时候按原来的方法会出现问题。

在页面源文件 index.html 的标签之间插入如下代码：

```
<link rel="shortcut icon" href=" /favicon.ico" />
```

将会发现无法加载小图标。解决方案是利用 HtmlWebpackPlugin 插件中加入小图标，修改 webpack.dev.conf.js 配置文件：

```
const HtmlWebpackPlugin = require('html-webpack-plugin');
new HtmlWebpackPlugin({
  filename: 'index.html',
  template: 'index.html',
  favicon: './favicon.ico', // 添加小图标
  inject: true
}),
```

> **注意**
>
> 不要忘记 webpack.prod.conf.js 中也需要添加。网站 ico 图标效果如图 10-21 所示。在菜单组件中，有几处地方需要注意。
>
>
>
> 图 10-21

10.7.4 存储登录信息

当我们输入用户名和密码后,就可以加载和登录用户相关的一些信息,比如获取到 token,当访问其他接口时,将 token 传过去,后台根据 token 对权限进行校验,还有登录用户的基本信息、登录用户的角色权限数据,都将其存储到 localStorage 中。

```
//调用登录接口
    loginFun({
      userName: this.ruleForm.username,
      password: this.ruleForm.password
    }).then((res) => {
      if (res.msg) {
        this.loginError(res.msg)
        this.errorInterval()
      }
      // 存储当前用户权限
      if (res.data.permission) {
        setAuthoritiesArr(res.data.permission);// 存储权限
      }
```

```
      // 存储用户信息
      if (res.data.info) {
        this.$store.commit('user/setUserInfo', res.data.info)
        // 1：平台、2：分舵
        toUrl = res.data.info.roleType == 1 ? '/plat-index' : '/shop-index';
      }
      // success
      if (res.data.token) {
        login = false;
        this.$store.commit('user/setRequestHeader', res.data.token);
        this.loginSuccess(toUrl)
      }
    })
```

10.7.5 回车自动登录

在 created 钩子函数中监听回车按钮事件，如果按了回车按钮，就只需登录方法。需要注意的是，在 beforeDestroy 这个钩子函数需要对键盘键入事件进行清空，否则系统其他所有页面都将会监听这个回车事件，并执行这个登录方法。

```
created () {
   let that = this; //注意此处要将 vm 对象临时存储，因为在方法内部需要访问
   document.onkeydown = function (e) { // 回车提交表单
     // 兼容 FF 和 IE 和 Opera
     var theEvent = window.event || e
     var code = theEvent.keyCode || theEvent.which || theEvent.charCode
     if (code === 13) { //回车提交
       that.submitForm()
     }
   }
   that.initData();
},
//记得在当前组件页面销毁之前重置 onkeydown 事件
beforeDestroy () {
  document.onkeydown = null;
}
```

10.7.6 防止登录按钮频繁点击

防止按钮频繁点击，可以采用函数防抖、函数节流或者直接在操作内禁用按钮的方式。
在 element 的 Button 组件中，提供了 loading，可以对按钮进行禁用和启用。

```
<el-button class="btn" :loading="btnLoading">
           登
           <i class="space" />录
           <span v-if="!isAllowSubmit">
             (
             {{ showSeconds }}
             )
```

```
            </span>
</el-button>
……
data: function () {
   return {
      btnLoading: false, // 查询按钮 loading 状态
……
   //提交登录表单
submitForm () {
 this.btnLoading = true;
……
```

当点击"登录"按钮时,设置 loading 为 true,此时按钮时禁用状态,无法再次点击。只有当登录成功和登录出现异常时,再将 loding 设置为 false,此时按钮才可以再次点击。

```
this.btnLoading = false;
```

10.8 增删改查列表

在许多应用的后台业务系统中,最常见的页面可能就是这样的增删改查列表页面了。以帮众管理界面为例,如图 10-22 所示。

图 10-22

界面通常上面是搜索条件,下面是一个分页、表头固定的表格列表。很多时候,为了界面更美观一些,我们希望 table 能够铺满整个页面。而 element 中的 table 组件,对于高度的设置只能设定固定值,无法向 layui 一样可以设置 100%-100px 这样的相对高度。所以我们得在不同界面动态计算一下高度,考虑到所有这样的列表页面都会用到这个方法,我们可以把这个方法提取到一个独立的公共方法 initTableHeight 中。代码如下:

```
/**
 * 初始化 table 的滚动高度
 * @param {*} h 需要减去的高度
 * @param {*} t 需要减去的顶部容器高度
 */
static initTableHeight(vm, h = 250, t = 80) {
  vm.$nextTick(function() {
    // 监听窗口大小变化
    let self = vm;
    let offsetTop =
      self.$refs.table &&
      self.$refs.table.$el &&
      self.$refs.table.$el.offsetTop
        ? self.$refs.table.$el.offsetTop
        : t;
    let tableHeight = window.innerHeight - offsetTop - h;
    self.tableHeight = tableHeight;
    window.onresize = function() {
      self.tableHeight = tableHeight;
    };
  });
}
```

在这个页面中还有许多其他页面共用的一些属性方法，可以将其独立为一个文件。然后再通过 extends 或者 mixins 的方式在组件页面中直接继承这个方法。

在 Vue 对象中，可以把 extends 当成是单继承，minxins 当成是多继承或者组成。extends 和 minxins 可以同时出现在 Vue 对象中。

mixins 选项接受一个混合对象的数组。这些混合实例对象可以像正常的实例对象一样包含选项,他们将在 Vue.extend() 里最终选择使用相同的选项合并逻辑合并。

extends 和 mixins 类似，区别在于，组件自身的选项会比要扩展的源组件具有更高的优先级。

代码执行优先级 extends>mixins。mixins 和 extends 的合并策略如表 10-1 所示。

表 10-1　mixins 和 extends 的合并策略

属性名称	合并策略
data、provide	mixins/extends 只会将自己有但是组件上没有的内容混合到组件上，如果有重复定义，则默认使用组件上的。如果 data 里的值是对象，将递归内部对象并继续按照该策略合并
methods、inject、computed、组件、过滤器，指令属、el、props	mixins/extends 只会将自己有的、而组件上没有的内容混合到组件上。
watch	合并 watch 监控的回调方法。执行顺序是先 mixins/extends 里 watch 定义的回调，然后是组件的回调
HOOKS 生命周期钩子	同一种钩子的回调函数会被合并成数组。执行顺序是先 mixins/extends 里定义的钩子函数，然后才是组件里定义的

在 utils 目录下新建 baseOptions.js 文件,用于存放需要继承的 Vue 对象:

```js
// Vue 继承的基础对象
let baseOptions = {
  template: '',
  data: function() {
    return {};
  },
  computed: {
    //门店编码
    shopNumber() {
      return this.$store.getters.shopNumber;
    },
    //界面按钮权限
    pageBtns() {
      return this.$store.getters.getPageBtns;
    },
    checkedShopNumbers() {
      return this.$store.getters.getCheckedShopNumbers;
    }
  },
  methods: {
    /**
     * 弹窗操作成功之后回调
     * @param {*} msg : 提示信息
     * @param {*} closeWin : 关闭弹窗的方法
     * @param {*} searchFunc : 界面刷新方法
     */
    winCallBack(msg, closeWin, searchFunc) {
      this.$message({
        message: msg,
        type: 'success',
        duration: this.$baseConfig.messageDuration
      });
      if (closeWin) {
        closeWin();
      }
      if (searchFunc) {
        searchFunc();
      } else {
        this.getItemList();
      }
      console.log('winCallBack :');
    },
```

```
    indexMethod(index) {
      if (this.pager) {
        return (this.pager.pageNum - 1) * this.pager.pageSize + index + 1;
      } else {
        return 1;
      }
    }
  }
};
export default baseOptions;
```

帮众管理界面代码：

```
<template>
  <div class="u-layout-container">
    <div class="u-layout-search u-layout-dobule">
      <div class="u-layout-left-proviso">
        <div class="u-layout-left-item">
          <div class="title-input-group u-title-input-group">
            <p class="text">姓名：</p>
            <div class="input-container">
              <div class="item select-input">
                <el-input v-model="memberName" placeholder="请输入" clearable>
                </el-input>
              </div>
            </div>
          </div>
          <div class="title-input-group u-title-input-group">
            <p class="text">工号：</p>
            <div class="input-container">
              <div class="item select-input">
                <el-input v-model="memberNumber" placeholder="请输" clearable>
                </el-input>
              </div>
            </div>
          </div>
          <div class="title-input-group u-title-input-group">
            <p class="text">状态：</p>
            <div class="input-container">
              <div style="border-radius: 2px;" class="item select-input">
                <!--el-ui 根据需求增加配置-->
                <el-select v-model="status" placeholder="请选择"
                  clearable filterable>
                  <el-option
```

```html
                    v-for="item in statusOption"
                    :key="item.value"
                    :label="item.label"
                    :value="item.value"
                  ></el-option>
                </el-select>
            </div>
          </div>
        </div>
        <div class="title-input-group u-title-input-group">
          <p class="text">部门: </p>
          <tree-select
            v-model="departId"
            placeholder="请选择"
            :clearable="true"
            :data="treeData"
            :defaultProps="defaultProps"
            :onlyLeafSelect="false"
          ></tree-select>
        </div>
        <div class="title-input-group u-title-input-group">
          <el-button
            type="primary"
            icon="el-icon-search"
            round
            :loading="btnLoading"
            @click="getItemList"
          >查询</el-button>
        </div>
      </div>
    </div>
    <div class="u-layout-right-item"></div>
</div>
<div class="datatable-box">
  <el-table :data="tableData" :height="tableHeight" border
   style="width: 100%" ref="table">
    <el-table-column type="index" label="序号
    " :index="indexMethod" width="50">
    </el-table-column>
    <el-table-column prop="jobNumber" label="工号
    " width="180" align="center">
    </el-table-column>
    <el-table-column prop="realName" label="姓名" width="180">
```

```html
        </el-table-column>
        <el-table-column prop="orgName" label="部门"></el-table-column>
        <el-table-column prop="phone" label="手机号" align="center">
        </el-table-column>
        <el-table-column prop="billCount" label="当前工单数"></el-table-column>
        <el-table-column prop="status" label="状态" width="180" align="center">
        </el-table-column>
        <el-table-column fixed="right" label="操作" width="150" align="center">
          <template slot-scope="scope">
            <el-button
              v-if="pageBtns.some(val=>val=='detail')"
              type="text"
              size="small"
              @click="onDetail(scope.row)"
            >详情</el-button>
          </template>
        </el-table-column>
      </el-table>
      <Pager :pager="pager" @query="getItemList"></Pager>
    </div>
    <!-- 详情 -->
    <el-dialog
      v-dialogDrag
      :title="addEditTitle"
      :modal-append-to-body="false"
      :close-on-click-modal="false"
      :visible.sync="showAddEdit"
      width="800px"
    >详情页面内容</el-dialog>
  </div>
</template>

<script>
import { getMemberList, getDepartSelected } from '../../../services/operation';
import baseOptions from '@/utils/baseOptions';
import TreeSelect from '@/components/treeSelect';
import Pager from '@/components/table/Pager'

export default {
  extends: baseOptions,
  components: {
    TreeSelect,
```

```
      Pager
},
// mixins:[baseOptions],
data () {
  return {
    isEdit: false,
    addEditTitle: '人员详情',
    showAddEdit: false,//显示新增界面
    showDispatching: false,//显示派工页面
    btnLoading: false, // 查询按钮 loading 状态
    checkTime: '',
    tableHeight: 400,
    pager: {
      total: 100,
      pageNum: 1,
      pageSize: 2000,
    },
    curUserId: '',//当前人员 ID
    memberName: '', //姓名
    memberNumber: '', //工号
    departId: '', //部门 ID
    tableData: [],
    status: '',//状态
    statusOption: [
      { label: '休假', value: 0 },
      { label: '空闲', value: 1 },
      { label: '忙碌', value: 2 },
    ],
    treeData: [],//部门树
    defaultProps: {
      children: 'options',
      label: 'name',
      key: 'id',
      disabled: 'disabled'
    },
  }
},
created () {
  this.initData();
  this.getItemList();
},
mounted: function () {
  this.$common.initTableHeight(this, 210);
```

```js
    },
    watch: {
      //门店编码
      shopNumber (val) {
        this.getItemList();
      }
    },
    methods: {
      //初始化数据
      initData () {
        getDepartSelected().then(res => {
          if (res.code == 200) {
            this.treeData = res.data.array;
          }
        })
      },
      ctrlLoading (flag) {
        this.btnLoading = flag;
        this.$common.updateLoadingStatus(flag);
      },
      // 查询请求
      getItemList () {
        this.ctrlLoading(true)
        getMemberList({
          pageNum: this.pager.pageNum, pageSize: this.pager.pageSize, shopNumber
          : this.shopNumber, memberName: this.memberName,
          memberNumber: this.memberNumber, departId: this.departId, status:
          this.status
        }).then(res => {
          this.tableData = res.data.list;
          this.pager.total = res.data.total;
          this.ctrlLoading(false)
        }).catch(error => {
          this.ctrlLoading(false)
        })
      },
      //打开编辑弹窗
      onDetail (row) {
        this.showAddEdit = true;
        this.isEdit = true;
        this.curUserId = row.userId;
      },
      //隐藏 添加/编辑 弹窗
```

```
    hideAddEditWin () {
      console.log('hideAddEditWin :');
      this.showAddEdit = false;
    },
  }
}
</script>
<style lang="scss" scoped>
</style>
```

至此,本章内容基本介绍完成了,读者可以在现有框架上进行扩展和完善。

项目登录账户和密码:

- 帮主角色: admin/123456
- 舵主角色: niefeng/123456

项目运行的方式:用 VSCode 打开目录 vue_book\codes\chapter10\admin-ui,在控制台中运行命令 npm i,然后运行 npm run dev。

后 记

在学习完本书之后,相信读者对 Vue.js 的使用有了一定的了解,如果你想成为一名优秀的前端工程师,仅仅只会熟练使用 Vue.js 进行项目开发,是远远不够的。除了要掌握 HTML、CSS、Javascript、bootstrap、Vue 等基础技能,你要掌握的东西还很多。

互联网时代直接关系用户的窗口,前端无处不在,其应用领域广阔,前景非常好!移动 Web、移动 App、微信小程序、微信公众号、微信小游戏、支付宝小程序、快应用、服务端等都是前端开发的方向。它的应用领域也非常广,包括电商、金融、旅游、医疗、社交、在线教育等方方面面。

关于前端的技术体系,从网上截了一张图,如下所示。

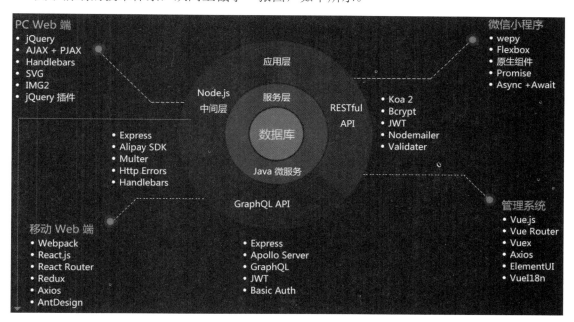

目前许多项目的技术架构体系正如上图所示那样,而前端的戏份大家也看到了,包揽了整个应用技术框架的外围,甚至通过 Node.js 等中间件可以直接和数据库进行交互,这意味着前端开发人员也可以独立完成一个完整的项目。

很多人的技术路线正如鬼谷纵横派一纵一横,横,最终可能成为全栈,不仅具备前端技能,也能玩转 Node.js、PHP、数据库,操作系统(Linux)、Docker 等等。纵,则可能成为各个领域的专业开发人员，诸如 H5 移动开发工程师、Node.js 高级开发工程师、H5 游戏开发工程师、高级前端开发工程师、前端架构师等等。

我希望每一位读者，既然选择了做技术这条路，就应该有着"路漫漫其修远兮，吾将上下而求索"的觉悟，未来的路很长，我们要学的东西还很多！"雄关漫道真如铁，而今迈步从头越。从头越，苍山如海，残阳如血。"谨以此共勉！